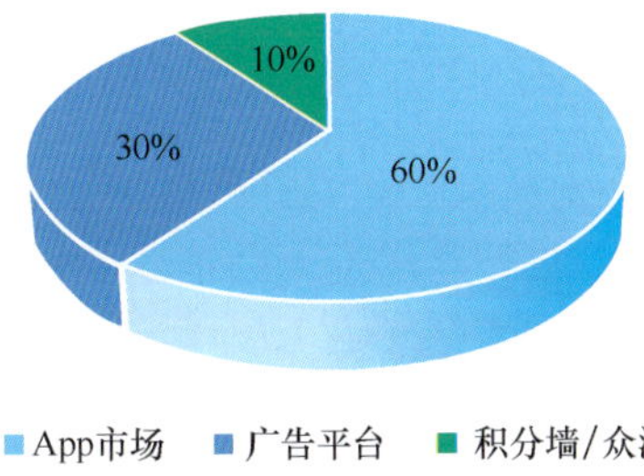

图1-2　App下载流量分布

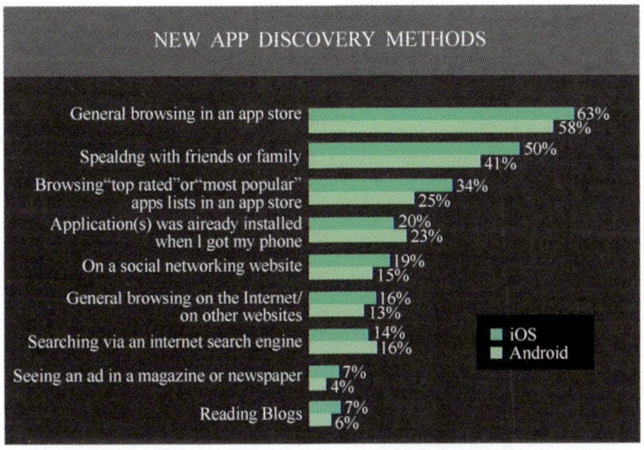

图1-3　国外统计的App发现渠道分布，Apptentive的数据统计

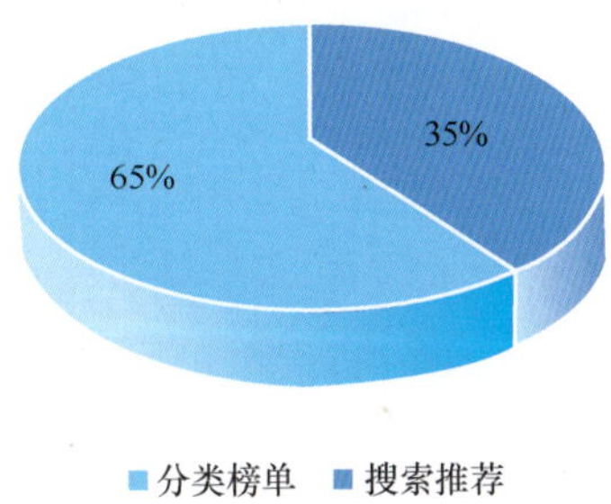

图1-4　App Store内部下载来源分布

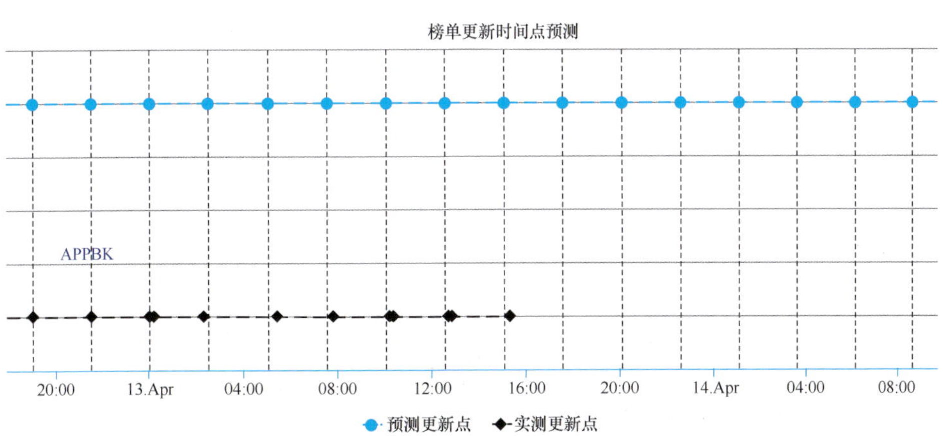

图3-10　榜单更新时间点预测

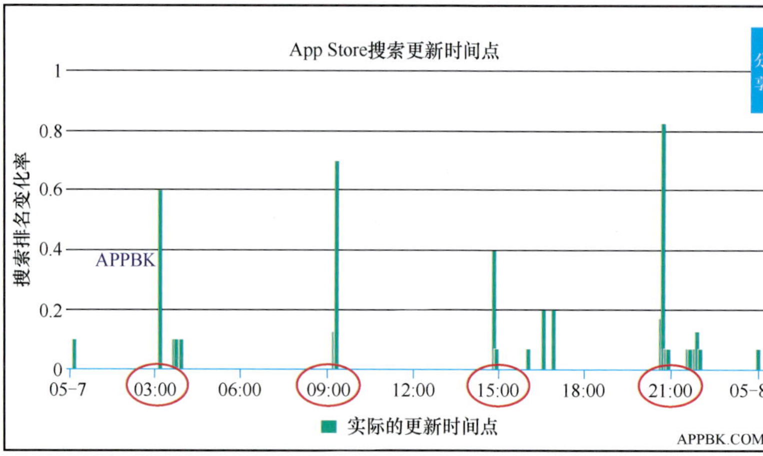

图4-8　搜索结果更新时间点分布

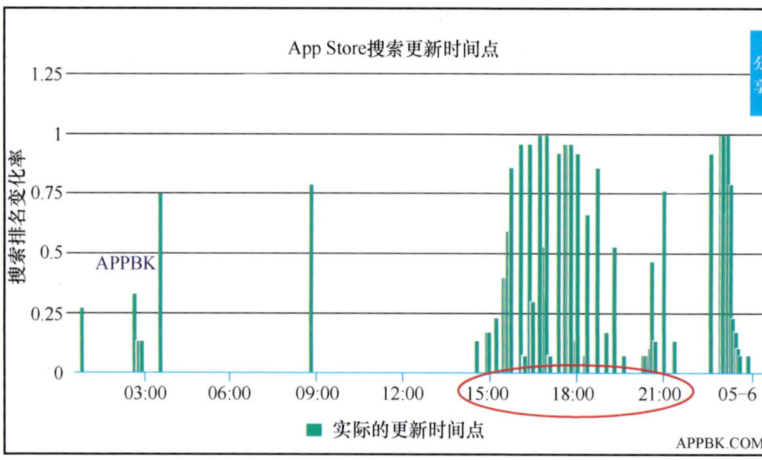

图4-9　App Store搜索异常时的更新时间点和对应的变化率

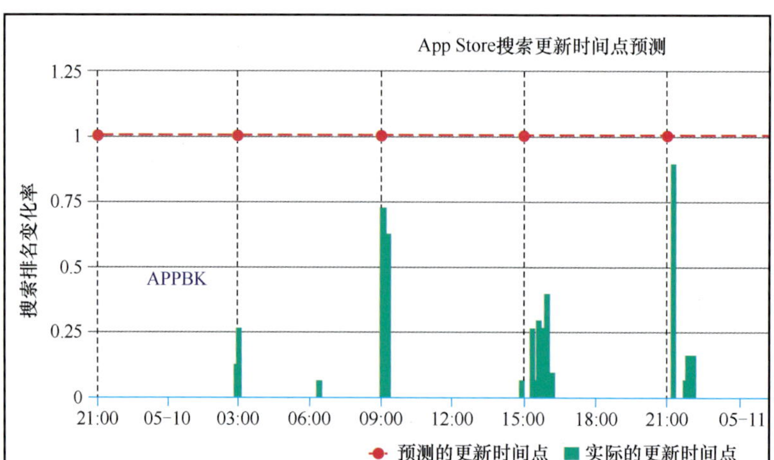

图4-11　搜索更新时间点预测服务

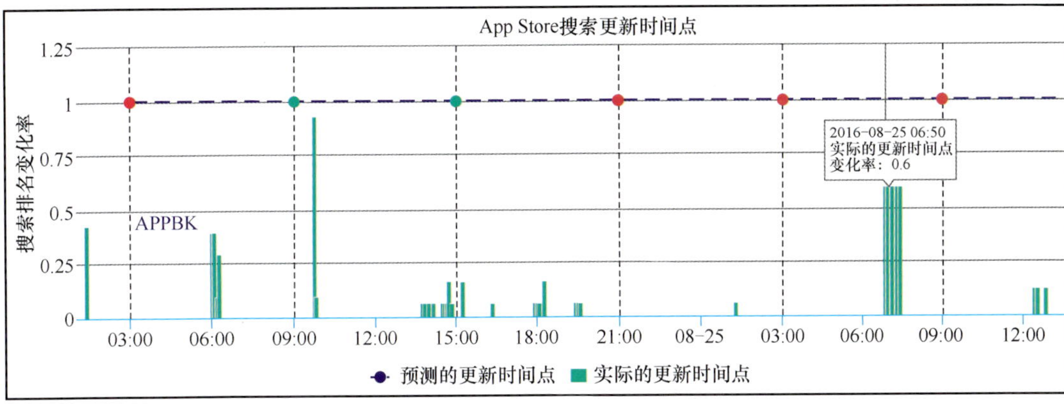

图4-12　大规模更新

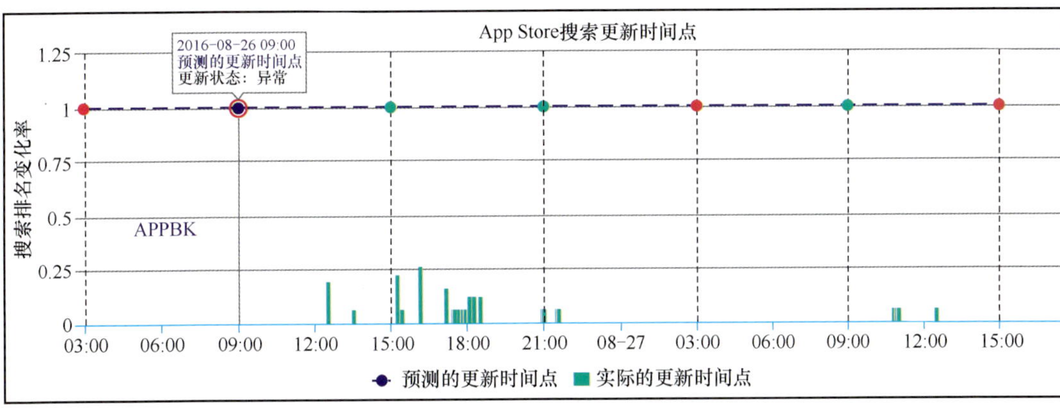

图4-13　搜索无明显的更新

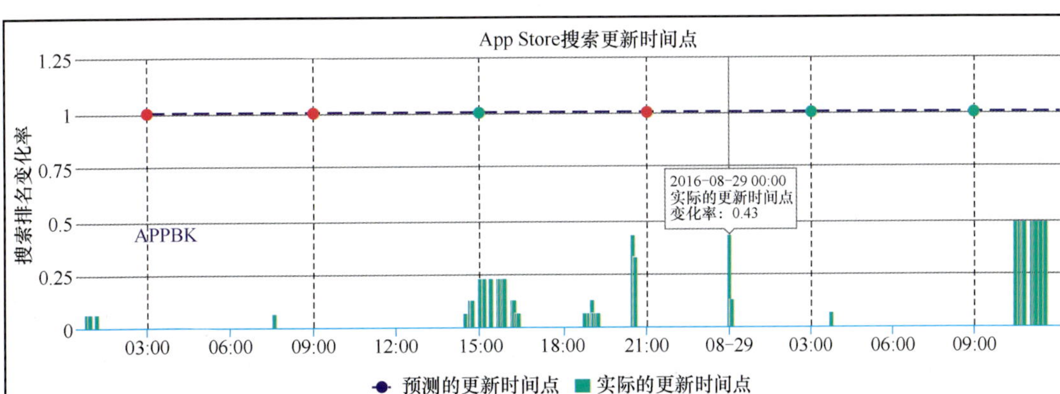

图4-14　搜索更新逐步恢复

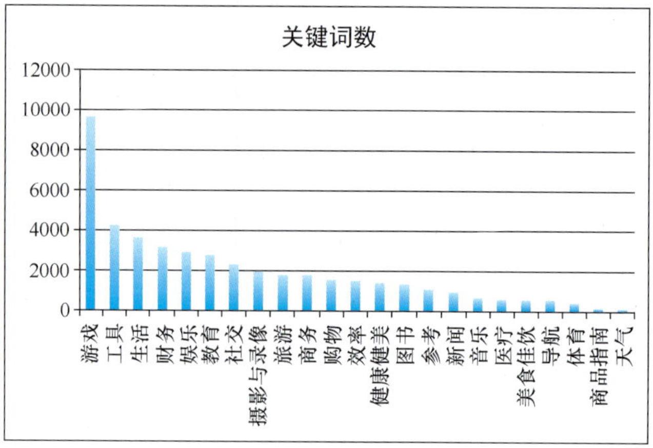

图4-15　关键词按类别统计

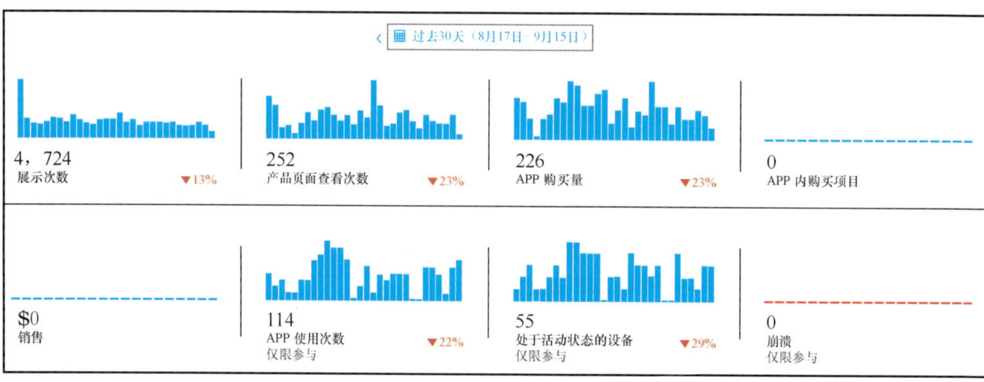

图5-1　App分析的概述数据

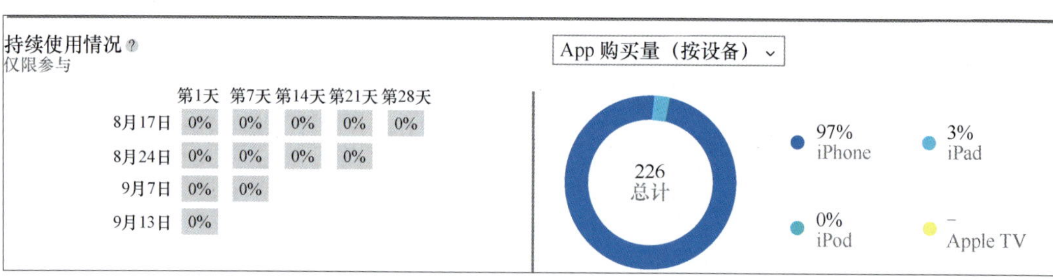

图5-2　App分析的使用情况数据

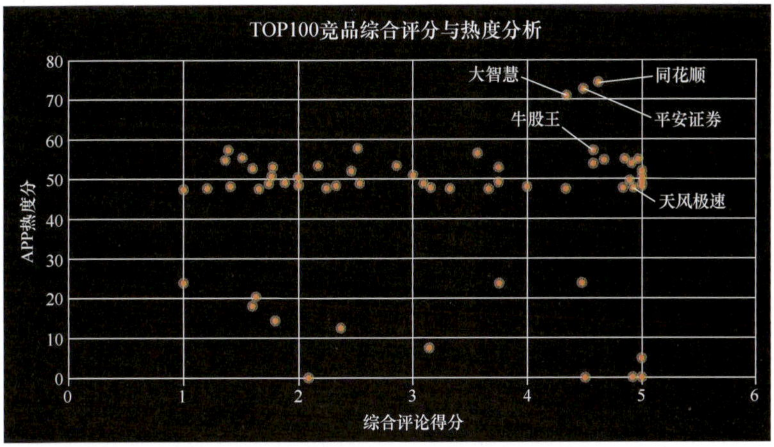

图5-10　互联网证券App质量和热度分布

注：综合评论得分越高，表示App质量越高。热度分越高，表示越受用户欢迎，前景越好。

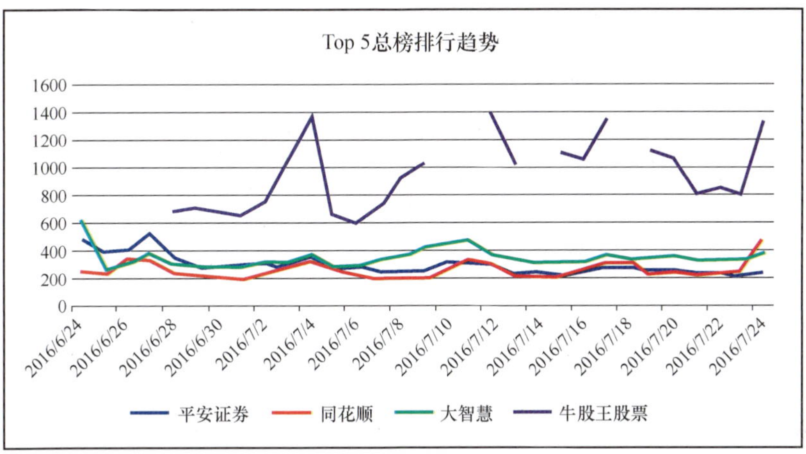

图5-12　Top 5 App总榜单排行趋势（2016年6~7月）

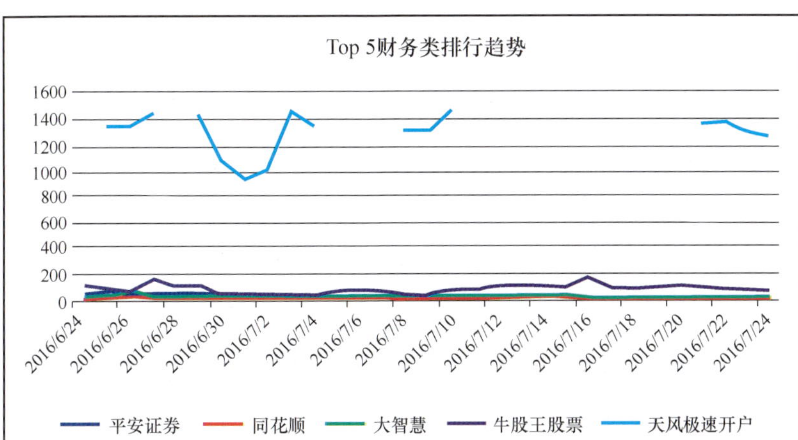

图5-13　Top 5 App财务类榜单排行趋势（2016年6~7月）

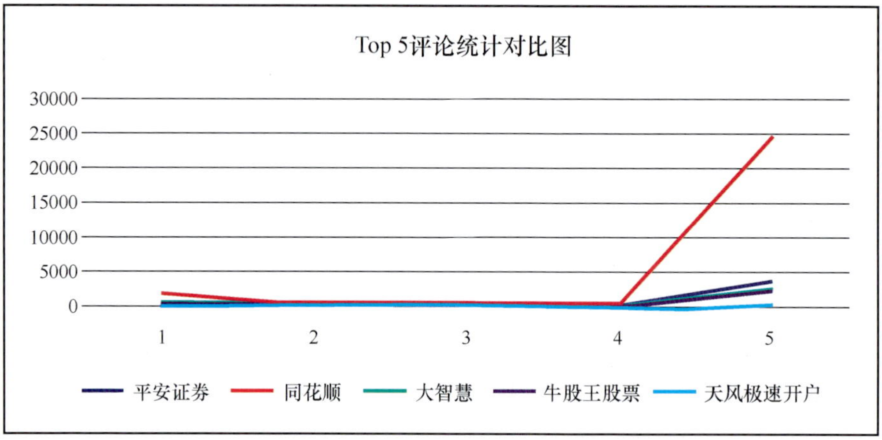

图5-15 Top 5 评论得分对比图

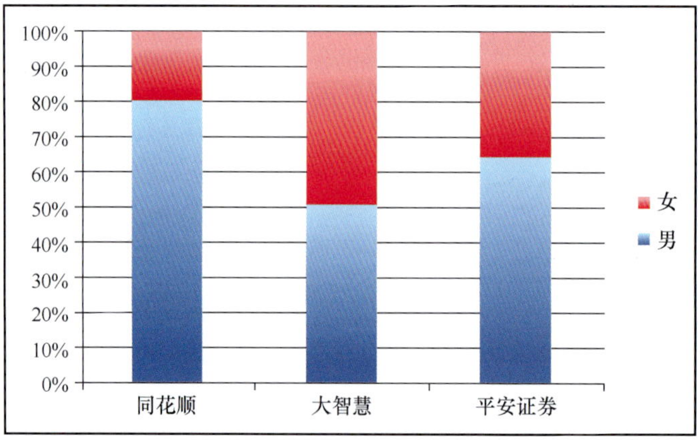

图5-18 App相关微博用户性别分布

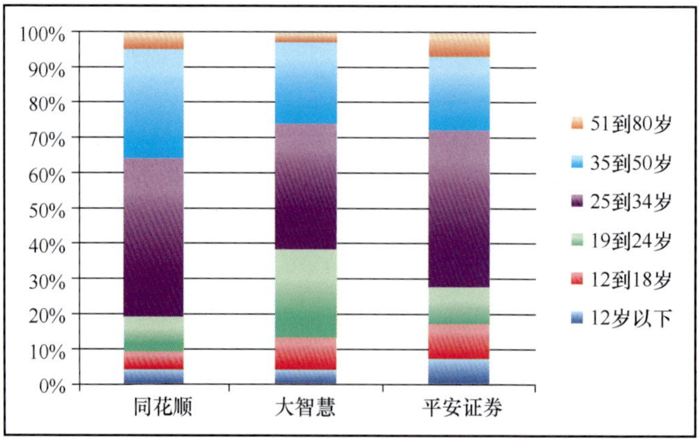

图5-19 App相关微博用户年龄分布

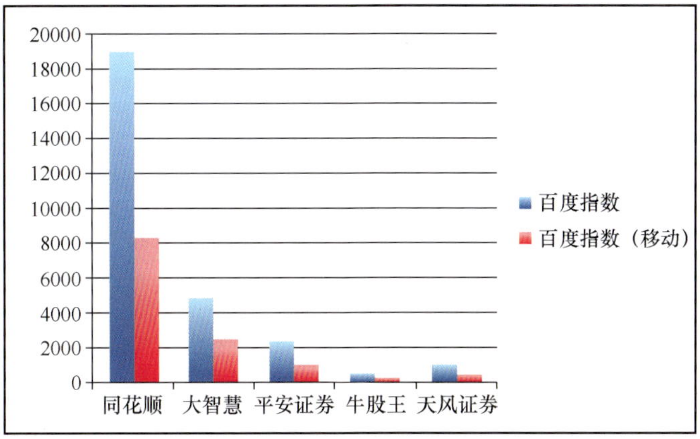

图5-21　Top 5 App品牌的百度指数

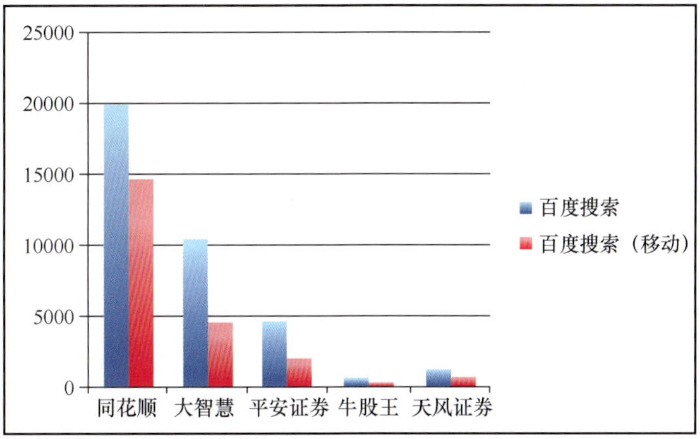

图5-22　Top 5 App品牌百度日均搜索量

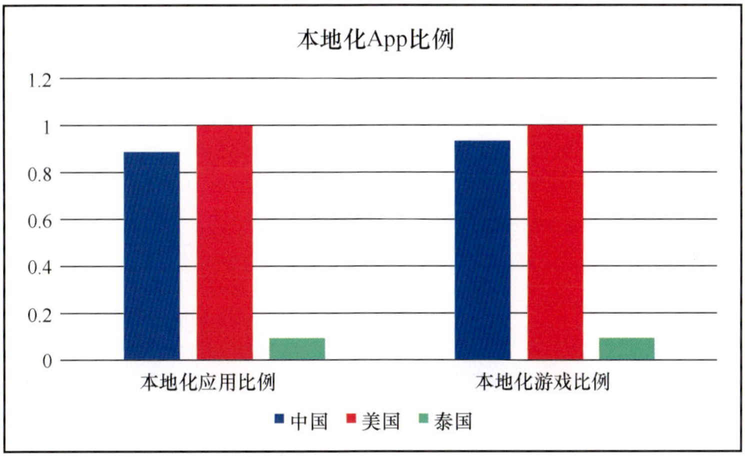

图5-24　本地化的App占比

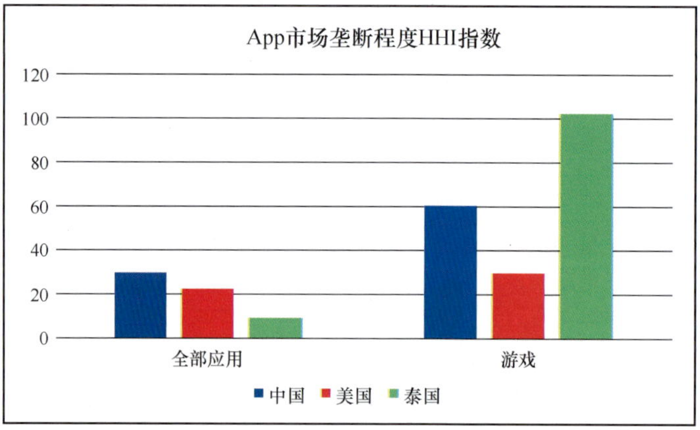

图5-25　中美泰三国App市场垄断程度比较

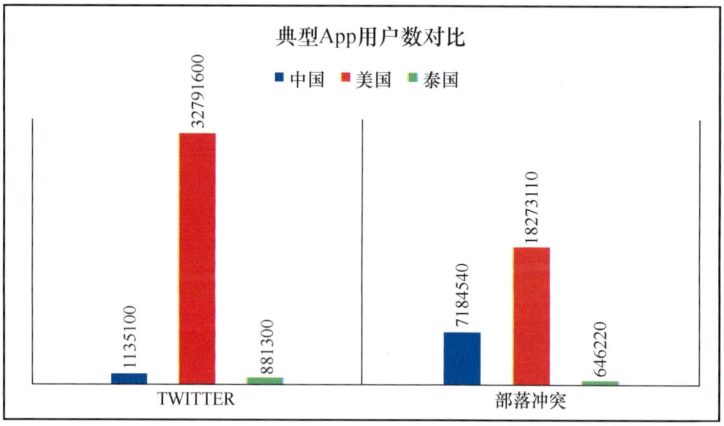

图 5-26　中美泰三国典型App的用户规模比较

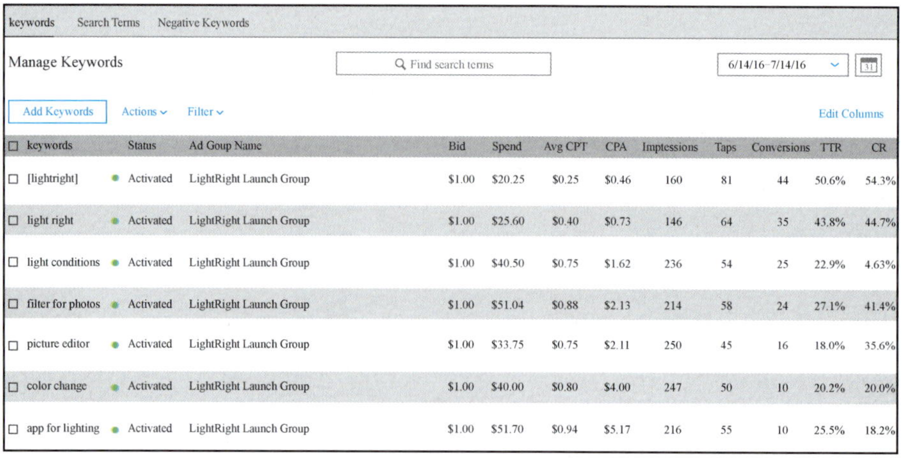

keywords	Status	Ad Goup Name	Bid	Spend	Avg CPT	CPA	Impessions	Taps	Conversions	TTR	CR
[lightright]	Activated	LightRight Launch Group	$1.00	$20.25	$0.25	$0.46	160	81	44	50.6%	54.3%
light right	Activated	LightRight Launch Group	$1.00	$25.60	$0.40	$0.73	146	64	35	43.8%	44.7%
light conditions	Activated	LightRight Launch Group	$1.00	$40.50	$0.75	$1.62	236	54	25	22.9%	4.63%
filter for photos	Activated	LightRight Launch Group	$1.00	$51.04	$0.88	$2.13	214	58	24	27.1%	41.4%
picture editor	Activated	LightRight Launch Group	$1.00	$33.75	$0.75	$2.11	250	45	16	18.0%	35.6%
color change	Activated	LightRight Launch Group	$1.00	$40.00	$0.80	$4.00	247	50	10	20.2%	20.0%
app for lighting	Activated	LightRight Launch Group	$1.00	$51.70	$0.94	$5.17	216	55	10	25.5%	18.2%

图6-10　自定义广告关键词和出价

ASO优化大师

王亮◎著

人 民 邮 电 出 版 社
北 京

图书在版编目（C I P）数据

ASO优化大师 / 王亮著. -- 北京 : 人民邮电出版社,
2017.11
ISBN 978-7-115-46683-9

Ⅰ. ①A… Ⅱ. ①王… Ⅲ. ①移动终端－应用软件－
程序设计 Ⅳ. ①TN929.53

中国版本图书馆CIP数据核字(2017)第215402号

内 容 提 要

本书主要介绍苹果 App Store 的 ASO 优化方面的知识，围绕 ASO 的各个层面依次展开，完整地介绍 ASO 运营知识体系，例如 ASO 的基础知识、App 基础信息优化、App 排行榜的优化、关键词优化的方法、如何利用 App Store 进行数据分析、App 评论的分析优化以及 App 的搜索广告等。

本书内容深入浅出、涵盖全面，不仅适合 App 运营人员、产品人员学习和使用，也适合 App 团队的领导层人员参考。

◆ 著　　　　王 亮
责任编辑　张 涛
执行编辑　张 爽
责任印制　焦志炜

◆ 人民邮电出版社出版发行　　北京市丰台区成寿寺路 11 号
邮编 100164　　电子邮件 315@ptpress.com.cn
网址 http://www.ptpress.com.cn
固安县铭成印刷有限公司印刷

◆ 开本：800×1000 1/16　　彩插：4
印张：8.75　　2017 年 11 月第 1 版
字数：190 千字　　2024 年 7 月河北第 5 次印刷

定价：39.00 元

读者服务热线：(010) 81055410　印装质量热线：(010) 81055316
反盗版热线：(010) 81055315
广告经营许可证：京东市监广登字20170147号

前　言

为什么要写这本书

笔者创业是做应用市场优化（App Store Optimization，ASO）工具的，在我们的用户群中，经常有人提出“我有一个 App，该怎么推广”的问题。笔者开始以为这只是个例，但后来发现这样的用户并不在少数。

笔者在与很多用户交流后发现，在全民创业的大背景下，创业团队数量呈井喷式爆发，很多团队的运营都是产品人员，甚至开发人员兼任的，缺乏经验几乎是必然的。这种情况甚至存在于一些大公司中，如笔者曾工作过的某大型互联网公司，一个社区问答产品，在做 App Store 上架时，资深的运营同事也搞不清楚该如何写关键词，只能一边探索，一边求教。开发可以培训速成，而运营则必须历事炼心。

很多 App 运营人员是做网站运营出身的，但如今应用市场、社区/自媒体平台反而成了“流量”的主要来源，Web 运营推广的经验很难简单平移到 App 推广上来。

总之，App 运营领域的现状是运营人员需求量巨大，但专业人员稀缺，领域知识迅速淘汰。虽然现在有关 App 运营经验分享的文章很多，但大多散落在各类公众号、媒体文章中，而且软文居多，干货甚少。在这种背景下，市场急需系统性介绍 App 运营的图书，帮助有志从事 App 运营工作的人们快速入门和精通。

由于目前应用市场仍然是 App 下载的主要流量来源，如在 App Store 中，搜索带来的下载超过了 65%，因此 ASO 是 App 运营推广的重中之重，而进一步的 App 搜索广告，也是以 ASO 为基础的，这也是我们写作本书的原因之一。

本书主要由笔者和微信号为“ASO 优化大师”的同事们共同撰写，部分内容源于笔者工作实践经验，部分为国内外一些精品文章的总结。本书部分文章原载于“鸟哥笔记”“姑婆那些事”“运营小咖秀”等国内知名的 App 运营媒体，各位运营媒体编辑也为本书提了很多改进意见和建议。

本书特色

本书的主要特色是深入浅出、即学即用。

一个简单的问题“谁最适合来写并能写出最深入的 ASO 方面的书?”答案当然是应用市场的算法工作人员。笔者从事搜索研究工作十多年的时间，也参与过一些安卓市场的搜索系统开发，有足够的实践经验帮助读者“透过现象看本质”，让运营工作人员不仅能知其然，更能知其所以然，这样才能游刃有余地处理运营工作。此外，笔者近两年来一直从事 ASO 服务开发工作，比较了解运营人员经常会遇到哪些问题，本书中都会重点讲解这些问题。本书的核心目标之一是帮助读者建立完整的 ASO 运营知识体系。

本书中的案例并不是“别人”的 App，而是专门设置了一个完全开放的 App，包括源代码、iTunes 账号等，读者可以直接参与到 App 的运营中，身临其境才能有真实的体验。学习完本书中的内容，即使你刚刚入门，也完全可以快速完成基本的 ASO 方案。

本书主要介绍苹果 App Store 的 ASO，安卓的优化类似。本书框架围绕 ASO 的以下方面展开。

第 1 章介绍 ASO 的基础知识。

第 2 章讲解 App 基础信息优化，包括标题、截图、描述等优化。

第 3 章介绍 App 排行榜的优化。

第 4 章是本书的重点，详细讲述关键词优化的方法。

第 5 章介绍如何利用 App Store 进行数据分析，包括对 App 评论的分析优化。

第 6 章简要阐述 App 的搜索广告。

此外，本书会根据 ASO 的发展情况，在后续版本中不断添加新的内容。

王亮

2017 年夏

目 录

第1章　SEO和ASO

1.1 从SEO到ASO

应用市场优化（App Store Optimization，ASO）主要是通过一系列的技术让App得到更多展示机会和下载概率。

ASO一般涉及标题优化、icon优化、截图优化、榜单优化、关键词优化、评论优化等，本书的大致框架也是按照ASO涉及的各个层面逐步展开。

ASO的很多概念和方法都来源于SEO，但又有很多不同。我们首先介绍下SEO的历史和相关基础方法，然后再介绍ASO的历史，以及SEO和ASO的相同之处和差异。

1.1.1　SEO简介

搜索引擎优化（Search Engine Optimization，SEO）。主要是通过站内优化，如网站结构调整、网站内容建设、网站代码优化等，以及站外优化等，使网站满足搜索引擎收录排名需求，在搜索引擎中提高关键词排名。

SEO大致从2000年起步，主要是因为Google等搜索引擎开始兴起，到了2005年左右，相关的技术逐步成熟化，而大部分的作弊方法也基本消失。

对网页搜索引擎而言，其排名得分大致分为两大部分，一部分是网页“本身”的得分，包括文本质量、网站更新等；另一部分则是“别人”的评价，如大名鼎鼎的PageRank得分。主要是根据你的网站和其他网站之间的链接情况，给出网页的PR得分。例如，如果sina引用了你的网页，你的内容自然会更可信。

因此，SEO相应地就涉及两个部分，一个是网页、网站本身的优化；另一个是外部的链接优化。

1. 网站内部优化

- META标签优化：如TITLE、KEYWORDS、DESCRIPTION等的优化。

- 内部链接的优化：包括相关性链接（Tag 标签）、锚文本链接、各导航链接，以及图片链接的优化。
- 网站内容更新：每天保持站内的更新（主要是文章的更新）。

2. 外部优化

- 发外链：主要是在博客、论坛、贴吧、问答、百科、社区、空间、微信、微博等相关站点发布自己的链接。
- 加外链：在自己的网站添加一定数量的外部链接。
- 友链互换：与一些和你的网站相关性比较高，整体质量比较好的网站交换友情链接，巩固稳定关键词排名。

1.1.2　ASO 的历史

2012 年前后智能手机迅速普及，大量流量开始向移动端转移，典型的像笔者当时工作的“问问”在这一年，Web 流量和移动流量之比从 7:3 直接倒转为 3:7。手机 App 的开发就成了各个产品的当务之急，而一些没有认识到这种趋势的网站迅速被淘汰。现如今，如“今日头条”“一点资讯”等很多知名的 App，都是只设一个非常简单的网站，甚至根本都没有网站。

在这种大背景下，产品推广的主战场也从搜索引擎快速转移到应用市场，当然，还有迅速崛起的社交媒体。而原来针对网页搜索引擎的 SEO，也自然地转向针对应用市场的 ASO。

2013 年之前，App Store 还是简单粗暴地刷榜世界，但就在这一年，苹果公司大幅调整了算法，刷榜开始销声匿迹。2014 年就是积分墙的世界了，该年度的 App 推广渠道，约 60%来自应用市场，20%~30%来自广告平台，还有约 17%来源于积分墙。

而从 2015 年开始，苹果又开始封禁积分墙了。但需求仍在，大部分就转变成了“众测”“微信积分墙”的形式，这类产品其实就是“冲”搜索排名。其引导真实用户做搜索下载任务，用户下载一个 App，可以得到 1~2 元，服务商对外则卖 3 元左右。事实上，目前大部分的 ASO 流量产品都是在 2015 年上半年创建的，包括一些知名的独立广告平台，也都开始提供这类产品，或者接入第三方 ASO 流量。

安卓方面，如国内众多的市场，提供了从搜索广告、游戏联运、CPT（按时间收费），CPA（按安装收费）等服务，恨不得把所有的流量都拿去卖钱，App 推广的需求已经充分释放，ASO 基本没有市场。但反观苹果市场，App Store 市场内部基本没有推广手段，物美价廉的 ASO 流量几乎就成为了大部分 App 推广的首选渠道，如图 1-1 所示。

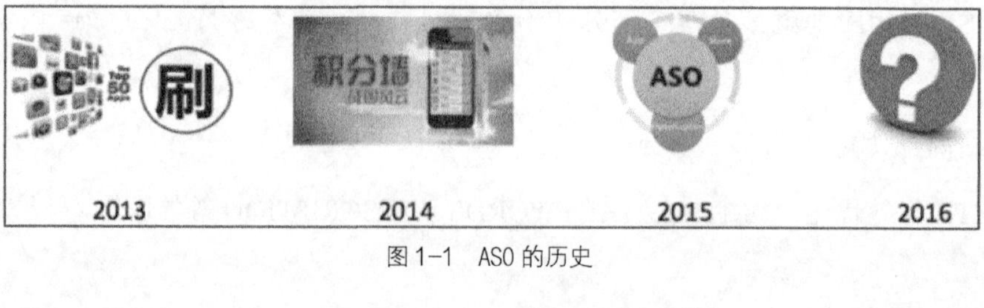

图 1-1　ASO 的历史

1.1.3 SEO 和 ASO 的异同

谈到 ASO，很多人就会拿 SEO 做比较，因为 SEO 和 ASO 都是基于搜索引擎原理设计的，因此其基本的优化原则是一致的。最核心的选词标准有 3 个，也就是“搜索热度”“竞争度”“相关性”。而由这些标准衍生出来的选词方法，如“竞品选词”“以词选词”等，基本原理也都是一致的。

但 SEO 和 ASO 毕竟一个是针对网页的，一个是针对 App 的，其肯定存在很多不同之处。

首先，从搜索算法的角度来看。网页搜索引擎会考虑网页本身的质量，以及外部链接的质量，而 App 搜索并没有“外链”这个概念，因此，其只能考虑 App 本身的质量。这样在衡量一个 App 好坏时，就缺少了很多参考要素。当然，根据一些国外的报道，苹果公司在 App 搜索排序时，可能会考虑到 App 在社交媒体的表现，这相当于一种外链了。

当然，因为各个网站并不是由百度等搜索引擎所有的，如果不用百度统计，百度是无法知道网站真实的 pv、uv 等衡量网站质量最核心的要素的。而应用市场就不同了，App 的下载、激活、评论等情况，应用市场都一清二楚，在进行 App 搜索排序时，当然会充分利用这些指标。

再者，从数据的角度看，两者的差异也是非常大的。App Store 搜索目前只能搜到 App 的基本信息，并不能搜到 App 内部的数据，其实就相当 Web 搜索引擎中的“网站搜索（Site Search）”，只能搜站点名称，和“网页搜索”相比，其搜索词的数量少了一两个数量级。

日均搜索大于 1 的词，App Store 大致为 4.6 万个（现在不到 1 万个了）（2016 年 8 月后，大约只有不到 3 万个），而这样的词，百度的数量应该在百万的量级。

我们用一个具体的例子更容易看出两者的差异。像“美团”这个词，App Store 中包含该词，且热度大于或等于 4605 的词有 73 个。而通过百度广告后台查询，可以看到这样的词至少有 1000 个。一些词的搜索量对比见表 1-1 和表 1-2。

从这两个表可以看到，App Store 高热度的词和百度搜索词差别不是很大。但 App Store 长尾词却非常少，主要原因就是用户没有足够强的搜索预期，基本不会去搜“美团怎么开店”之类的词。但对百度而言，正是数量庞大的长尾词，让选词的空间足够大，大小玩家都可参与其中，搜索广告系统才能良性发展。

表 1-1　　高热度词

词	App Store 热度	百度搜索量
美团	10150	>20000
美团外卖	9313	>20000
美团网	6898	>20000
美团团购	6330	4300
美团开店宝	6217	2000
美团商家	5256	1700
美团众包	4915	820
美团酒店	4615	200

表 1-2　长尾词

词	App Store 热度	百度搜索量
美团开店	4605	70
美团开店流程	0	570
美团怎么开店	0	470
美团开店需要多少钱	0	290
美团外卖怎么开店	0	150

ASO 操作空间相对较少。ASO 有效的词的数量也就几万个，带量效果较好的行业词数量更少，分到每个类别中，更是寥寥无几。因此，ASO 的竞争和技术要求远高于 SEO。

1.2 为什么要做 ASO

虽然从 2015 年开始，“内容运营”快速兴起，成为很多 App 运营的标配，但面向“流量”仍然是 App 推广运营的主流思路，流量在哪里，运营就到哪里。

为什么要做 ASO？也可以从“流量”的角度来解释。根据 2014 年和 2015 年的统计，App 下载的流量约 60%来自应用市场，约 30%来自广告平台，还有约 10%的 App 下载来源于积分墙，如图 1-2 所示。

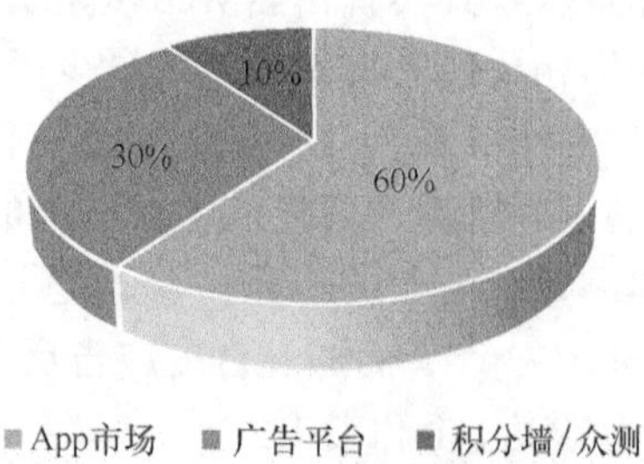

图 1-2　App 下载流量分布

我们来看国外的统计情况，也是类似的，如图 1-3 所示。

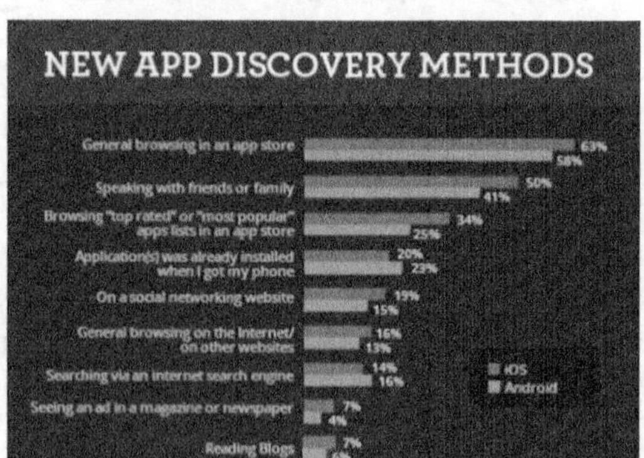

图 1-3　国外统计的 App 发现渠道分布，Apptentive 的数据统计

而在 App Store，约 65%的下载是通过搜索实现的，如图 1-4 所示。

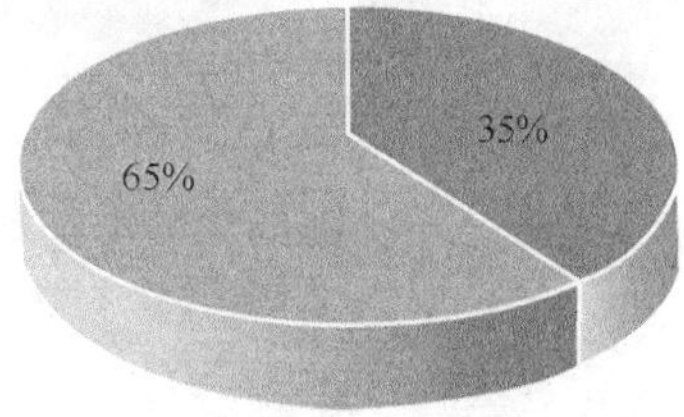

图 1-4 App Store 内部下载来源分布

可以看到，ASO 优化的是 App 最重要的流量来源，这是必做 ASO 的最主要原因。

再者，ASO 还是推广的基础，毕竟做再多的广告，最终的下载还是要到 App Store 中。如果 App 截图、介绍写得很山寨，广告导入的流量、下载转化率也不会太高。

在 App 运营中，ASO 可以结合“广点通”“粉丝通”等广告平台做全案推广，多种渠道可以产生协同效应，提升推广效果。业内一些典型的案例就是通过社区传播引爆，通过 ASO 做应用市场曝光，两者同时进行，形成正反馈。当然，和 ASO 最紧密的还是苹果即将推出的搜索广告，ASO+ASM 也会成为应用市场内推广的核心。

我们在和一些客户接触中发现，有些 App 就是随便选几个关键词，覆盖几十个搜索词，除了标题之外，就没有别的有效关键词。更有甚者，还用热门词做正标题，结果就是没有 Top 10 的关键词，用户很难查到这样的 App。

综上所述，对每个 App 而言，ASO 是必须的，不仅因为其优化的是 App 主要的流量来源，而且还是广告推广等营销活动的基础。

当然，因为国内的 ASO 不仅包括关键词、标题、介绍等常规优化，还包含另外一个重要环节，就是“刷”排名。至于是不是一定要“刷”，这就看各个 App 的特点了，像一些垂直 To B 类的 App，可能就没有相关的热门关键词，“刷”的意义就不是很大。

1.3 ASO 基础知识体系

相信做产品运营的相关人员应该都听过“漏斗模型”这个名词，通俗点说，就是从起点到终点有多个环节，每个环节都会产生用户流失，依次递减，每一步都会有一个转化率。SEO/SEM 的基础理论框架就是搜索营销漏斗模型，其各个环节的优化都是围绕这个漏斗模型展开的，具体如图 1-5 所示。

“搜索营销漏斗模型”反映了企业搜索营销的各个环节，反映了从展现、点击、访问、咨询，直到生成订单过程中的客户数量及流失。

其大致分为如下 3 个阶段。

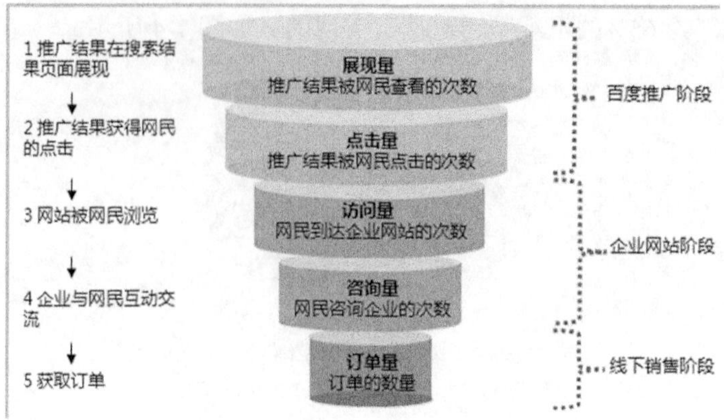

图 1-5　搜索 SEO/SEM 漏斗模型

第一阶段——推广阶段（包括两个过程，搜索展现、点击；主要影响因素是关键词、竞价、创意）。

第二阶段——企业的网站（也包括两个过程，访问、咨询；主要影响因素是网站质量）。

第三阶段——线下销售（包括一个过程，订单；主要影响因素是销售能力）。

在此我们也构建了 ASO 的漏斗模型，具体如图 1-6 所示。

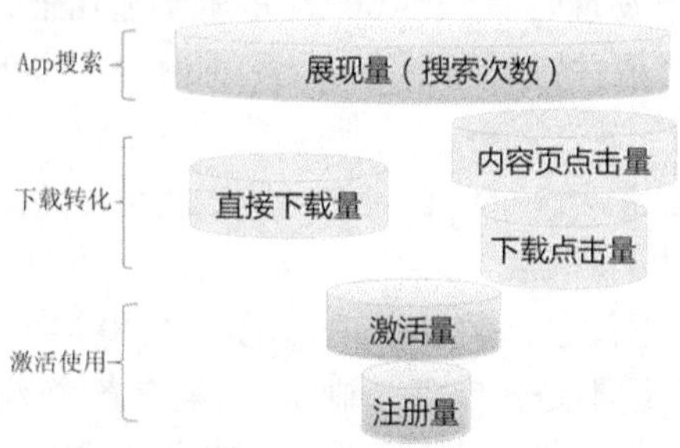

图 1-6　ASO 漏斗模型

其大致分为如下 3 个阶段。

第一阶段——App 搜索。包括一个过程，搜索展示；主要影响因素是关键词、标题。

第二阶段——App 下载转化。包括两个并列的过程，一是直接下载，二是点击详情页，然后下载。主要影响因素是标题、icon、介绍、评论等。

第三阶段——App 激活使用。包括一个过程，主要是 App 激活、更深度的注册等，主要影响因素是 App 本身的质量。

这个模型也反映了 ASO 的各个环节，以及相应的影响要素，具体影响因素如下文所述。

ASO 涉及多个环节，除了最核心的关键词优化外，还包括标题、icon、截图等多个环节的优化。

1. 应用名称

应用名称一般分为正标题和副标题，一般而言正标题作为 App 的品牌，对应用搜索排名影响最大，像国内一些安卓市场，搜索时只考虑正标题。

2. 应用关键词

App Store 除了索引应用名称外，还索引的字段就是 App 的关键词，因为 App 的标题有诸多限制，例如加一些热门竞品词基本是不被允许的，但一般加到关键词就没有什么问题，因此关键词的优化是 ASO 最核心的部分。

3. 应用的描述

虽然 App Store 并不索引描述，但 App 的描述对于应用的推广也是极其重要的。因为用户在搜索结果列表页看到你的应用时，一般还会点击进入详情页，应用描述的好坏将直接影响下载转化率。

4. 应用 icons/图标

icons 对于一款应用就好比长相对于一个人，如果想让别人对你的应用有良好的第一印象，首先就要从设计一个漂亮的 icons 开始，而且美观漂亮的 icons 可能还会带来其他意想不到的好处。

5. 应用的截图及视频

毫无疑问，应用详情页里的截图及视频会直接影响用户体验，用户能否对你的 App“一见钟情”，主要就取决于你的应用截图和视频。

6. 用户评价

在 App Store 中，评论对榜单排名和搜索排序也有着非常大的影响，而大部分用户也会根据其他用户的评论来决定是否下载该应用。

7. 冲排名

典型的国内特色，就是利用机器或者真人下载量，提升 App 的搜索排名和榜单名次。

1.4 ASO 专有名词清单

“ASO 是什么意思？”大概是刚入门的运营人员最常问的问题了。本文就把 ASO 的相关概念逐一罗列出来，如果这些概念都搞清楚了，ASO 也就入门了。

1.4.1　基础概念

1. App Store

苹果的应用商店，各个国家与地区的 App Store 都是相对独立的，包括榜单、搜索都是如此。国内手机市场 Android 占有率为 81.4%，iOS 为 17.9%，Windows 为 0.3%（2016 年 8 月数据），但因为国内 Android 市场比较混乱，大部分的 ASO 都是针对苹果 App Store 的优化。至于国内安卓市场的推广，简单地“买买买”即可。

2. ASO

ASO 是 App Store Optimization 的简称，一般称为应用市场优化，主要通过一系列的技术让 App 得到更多展示机会和下载概率。在 App 市场中，由于搜索带来的下载量一般都大于榜单等其他来源，因此，ASO 优化是目前 App 推广中最基础的方法。在 App Store 中，ASO 优化涉及关键词、榜单、截图、描述、评论等多个方面。

3. ASM

ASM 是 App Store Marketing 的简称，可以称为 应用市场营销，和搜索引擎营销（Search Engine Marketing，SEM）对应。

4. 榜单

榜单指的是 App 在应用市场的排行榜。App Store 分为“免费榜”“付费榜”“畅销榜” 3 个类型，按类别又可分为“总榜”与“天气”等 26 个主要分类榜单。每个榜单在 App Store 有 150 个展示位置，但大部分 ASO 工具都能抓取到 Top 1500 的榜单。App Store 中“儿童”类别比较特殊，在 iTunes 后台是无法填写的，应该是苹果根据 App 年龄设置自动生成的。

5. 榜单更新与锁榜

App Store 每天都会对 App 的榜单排名进行调整。2016 年 8 月前，大的更新周期约为 2.5 小时，之后有所缩短。有时 App Store 会出现锁榜现象，即榜单排名长时间不更新，通常每一次锁榜都会伴随着苹果对 App Store 算法的调整。

6. 推荐位

App Store 编辑团队会挑选一部分优秀的 App 展示给用户。“精品推荐”有两种展示方式：“首页 banner”，这是进入 App Store 最吸引人的位置；“专题推荐”，位于 banner 下方的位置，有“新鲜 App”“本周新游”等专题推荐。

7. 处罚

苹果对违规 App 有着不同的处罚方式，常见的有：警告、降权、屏蔽、清榜、清搜索词、下架与封号。从 2016 年开始，苹果对刷榜、刷评论等行为，更多采用清榜等处理方法，而很少有下架的。尽管有着各种处罚方法，但国内 App Store 还是“刷”声一片。

1.4.2 关键词搜索相关

1. 关键词

为了避免混淆，本文说的“关键词（keywords）”是指你在 iTunes 填写的 100 个字符的关键词。

2. 搜索词

搜索词指用户搜索时输入的词（query），而词的覆盖都是指覆盖的“搜索词”。一般的 ASO 工具都提供“搜索词”覆盖查询功能，就是看哪些词能够搜到这个 App，也可以称为关键词。

3. 热搜词

在 App Store 搜索栏下方出现的关键词列表就是热搜词，表明这些词语近段时间搜索量很大。中国区的热搜词很多并不常见，如图 1-7 所示。

4. 搜索联想词

搜索联想词指 App Store 搜索界面输入某个关键词后，自动下拉展示出来的关键词列表。由苹果自动匹配，最多显示 10 个，如图 1-8 所示。

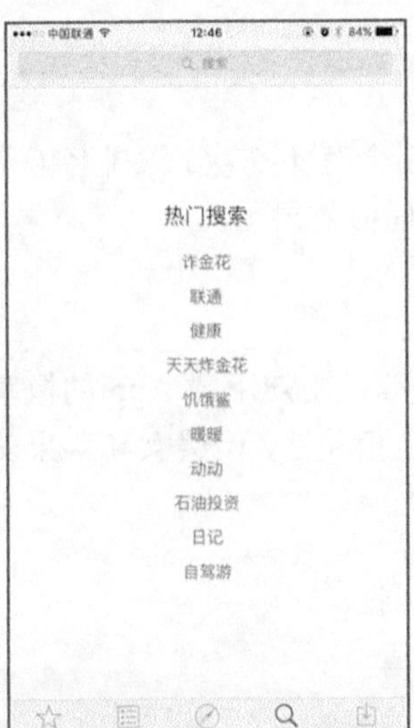

图 1-7 热搜词

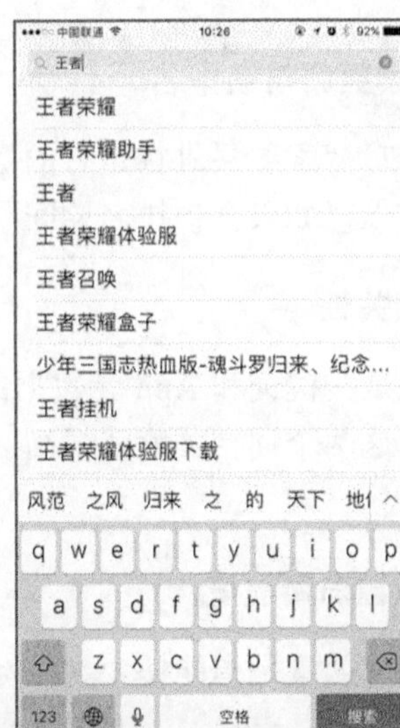

图 1-8 搜索联想词

5. 关键词类别

关键词类别，一般沿用百度广告的定义，可以分为品牌词、竞品词、产品词、通用词、人群词。但因为 App Store 的词相对较少，一般可以简化为品牌/竞品词、行业词两个类别，如图 1-9 所示。

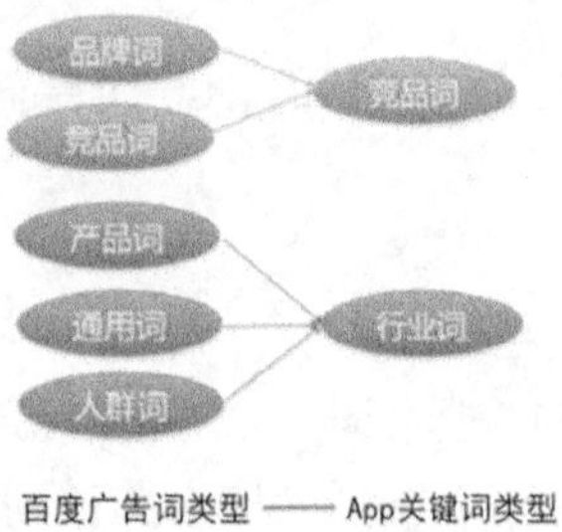

图 1-9 关键词类别

6. 搜索热度

搜索热度来源于 App Store 的数据，数值在 0~12000，其代表每个关键词在 App Store 的搜索量，一些工具也称为“搜索指数”。一般来说，热度越高，则该词每天被搜索的次数也越多，其流量也越大。根据经验，热度为 4605 的词，代表日均搜索量为 1 次，因此热度大于或等于 4605 的词才算有效关键词。

7. 搜索排名

搜索排名是指在某关键词的搜索结果中 App 所在的位置，从 1 开始。

8. 搜索结果数

搜索结果数是指在某关键词的 App 搜索结果中，所有 App 的数量，App Store 在 iOS 9.0 之前是显示搜索结果数的，但之后的版本隐藏了该数字，App Store 的搜索结果数一般不会超过 2300。

9. 搜索更新与锁排名

苹果会对搜索结果进行定时的更新，一般每天大的更新会有 4~5 次。锁排名就是长时间不更新搜索结果，如果在锁排名期间冲排名，当然就不会有任何效果了。

10. 相关性

相关性是关键词和 App 元数据的相关程度。相关性越高，用户下载 App 的概率越大。如美女和美人这两个词相关度就很高，美女和帅哥也算有一定相关性，但美女和苹果就差得有点远了。

11. 关键词覆盖量

关键词覆盖量是指能搜索到该 App 的所有搜索词的总量。

12. 搜索带量

搜索带量是指通过搜索给 App 带来的下载量，一般可以通过词的热度和 App 的排名进行估算。搜索结果 Top 10 之后的 App 一般不会有用户下载。

1.4.3 常见的计费模式

1. CPC

CPC 是 Cost Per Click 的简称，最常见的一种广告形式，按每次点击付费的广告。苹果的搜索广告采用的就是这种模式。

2. CPM

CPM 是 Cost Per Mille 的简称，千次展示成本。在广告投放过程中，每 1000 人看到你的广告需要支付的费用。

3. CPA

CPA 是 Cost Per Action 的简称，每次行动成本，一般指按广告推广实际效果计费。App 推广的效果就是安装，国内的安卓市场广告一般都是采用此模式。

4. CPD

CPD 是 Cost Per day 或者 Cost Per download 的简称，按天计费，或者是按下载计费，但国内安卓市场一般是指后者。CPA 和 CPD 还有些差别，因为部分用户可能下载了并不安装激活。

5. CPT

CPT 是 Cost Per Time 的简称，按展示时间计费。

6. CPSA

CPSA 是 Cost Per search Action 的简称，按搜索下载计费，就是国内的 ASO 积分墙做的事情，一般是做任务的用户先搜索一个 App，然后下载并使用 3 分钟。一个 CPSA，做任务的用户一般会得到 1~2 元，而积分墙企业对外则会卖到 3 元左右。

1.4.4 ASO 产业中的角色

1. CP

在 App 运营领域，CP 是指内容提供商（Content Provider），一般就是 App 的开发商，但一般多指游戏开发商。

2. 渠道

所有可以获取 App 用户的平台都可以称为渠道，像 App Store、安卓市场、各种积分墙、今日头条等，都可以算渠道。

3. 代理商

在 App 运营领域，代理商一般指广告代理商（Advertising Agency），其职能是说服 CP，把渠道的流量倒卖给 CP。至于为什么会有 CP 不直接找渠道？这主要是经济学规律决定的市场分工。国外的代理商一般是靠自己的服务收费，而国内的一般是靠渠道的返点或者差价赚钱。

4. ASO 工具

ASO 工具主要指提供 ASO 相关的关键词监控、榜单监控等数据服务的平台。国内的如 APPBK、ASO100，国外的如 App Annie、SearchMan 等。

5. 机刷

机刷是指通过机器来刷榜或者搜索排名。之前很多机刷商可以直接利用 PC 端的 iTunes 来刷榜，但目前大部分都是 iPhone 真机来刷了。

6. 真人量

真人量是指真实用户的下载量，如钱咖等积分墙提供的就是真人量。真人量相对机刷更安全，但成本相对会高一些。

1.4.5　一些统计指标（以 App Store 为准）

1. 展示次数

展示次数的英文全称为 App Store Impression，是苹果在 2016 年 6 月新增的统计指标，指的是应用图标（icon）在市场内各个位置被展示超过 1 秒的次数。这些位置主要包括 5 大类：首页精品推荐、各种榜单、探索、搜索结果列表、应用详情页。

2. 产品页查看次数

产品页查看次数是指 App 详情页被一个设备访问的次数。

3. 购买量

App 购买量表示 App 被首次下载的次数。App 的更新、同一个 Apple ID 下载到不同的设备上、重复下载到一个设备上，都不会额外记录购买量。家庭共享导致的免费应用下载会增加购买量，但收费应用不算。一般购买量可以认为是下载量，如图 1-10 所示。

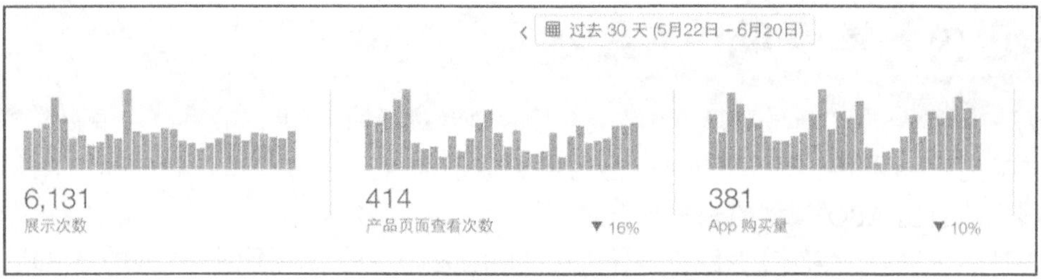

图 1-10 App Store 的展示次数、产品页查看次数、购买量

4. 安装量

安装量是指 App 安装在 iOS 8 或以上设备，包括重新下载到同一个设备，同一个 Apple ID 下的多个设备，或家庭共享导致的安装。不包括 App 的更新。

5. 使用次数

使用次数是应用启动到前台并至少保持 2 秒以上的启动次数。如果一个应用在后台被切换到前台，会算作另一次使用次数。

6. 留存率

留存率统计的是在某段时间内，新增用户在随后不同的时间里启动该应用的情况。它是验证产品对用户是否具有吸引力的重要指标，根据产品性质不同，一般有次日、7 日、14 日和 30 日的留存率。

7. DAU

DAU 是 Daily Active User 的简称，指日活跃用户数量。

8. MAU

MAU 是 Month Active User 的简称，指月活跃用户数量。

9. ROI

ROI 是 Return On Investment 的简称，指投资收益率，即净利润除以投资额。例如，你的一个 App 能带来 100 元的收入，而你通过 ASO 获得 App 下载激活的成本为 10 元，那么你的 ROI 就是 100÷10=10。当然，由于竞争激烈，目前 App 推广的 ROI 能超过 1 都很不错了。

10. ARPU

ARPU 是 Average Revenue Per User 的简称，即每用户平均收入，是衡量公司业务收入的指标。

1.5 国内外常用 ASO 工具分析

作为一个做 ASO 工具的团队，我们从竞品的角度对国内外的知名 ASO 工具做了详细的分析。本文就把一些分析心得分享出来，也方便大家根据自己 App 的特点做选择，而从 ASO 工具的发展也能看出 ASO 领域的未来趋势。

国内外的 ASO 工具有着明显的差异，主要是因为满足的需求不同。国外的 ASO 主要是为“选词”服务的，重点关注的是关键词推荐和相关的深度数据挖掘服务；而国内的 ASO 工具则主要是为“刷排名”服务，核心任务就是实时监控关键词排名变化，这可能也算是 ASO 领域的一个潜规则吧。

下面就分别介绍 5 个国内和国外具有代表性的 ASO 工具。

1.5.1 国内 ASO 工具

1. ann9/应用雷达（www.ann9.com）

应用雷达由罗峰、王永常等人在 2012 年创立，是国内 ASO 领域早期的开拓者，为广大 CP 普及了“ASO 很重要”的理念，一些知名 App 一直都是应用雷达的用户。应用雷达也是国内最早提供 Top 1500 榜单，以及落榜、上榜等监控服务的工具。而利用免费工具吸引用户，然后利用“排名提升”赚钱这种商业模式，也是应用雷达较早使用的。

应用雷达的榜单监控页面如图 1-11 所示，其默认显示 App 最主要类别的排名趋势，显得更清晰一些。

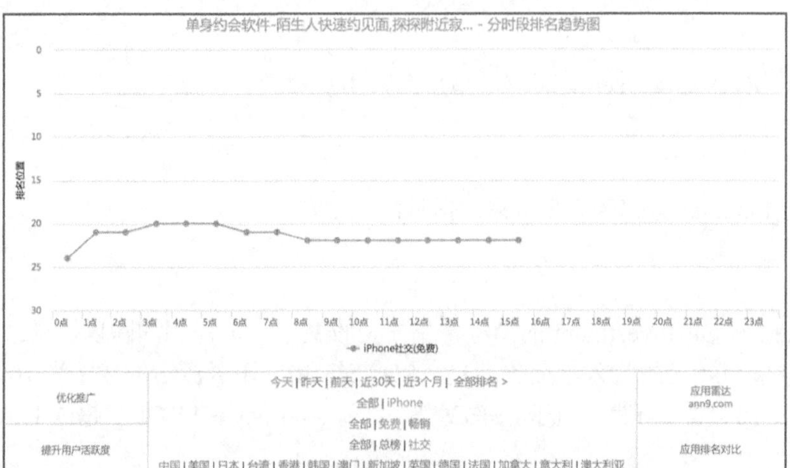

图 1-11 应用雷达的榜单监控

应用雷达的关键词监控页面如图 1-12 所示，似乎没有采用当前使用较多的表格式“关键词/ASO”展示。

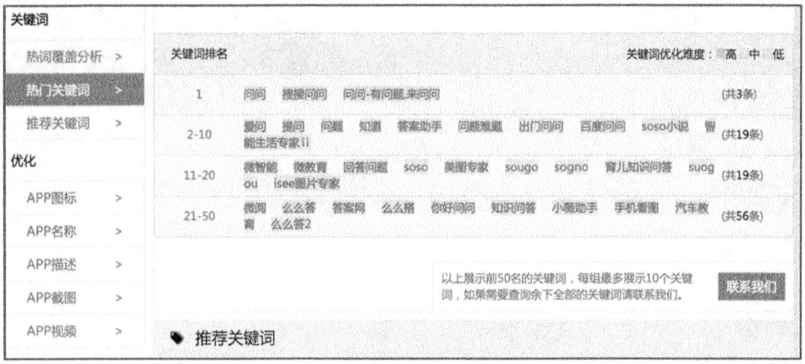

图 1-12　应用雷达的关键词监控页面

应用雷达除了提供 ASO 服务外，还在积极拓展 App 内置 SDK 的监控服务，相当于更专业化的友盟。

2. ASO100（aso100.com）

ASO100 团队由徐欢、王东等人创立，先前是创新工场投资的布丁优惠券项目，后来做 PP 红包这一流量产品，团队对 ASO 的“中国特色”认识明显更深刻，团队技术实力也非常强。其优化工具在 2015 年 4 月上线后，迅速超过了之前一些 ASO 工具，而后续很多 ASO 服务大都有复制 ASO100 的痕迹。ASO100 的 App 内容页如图 1-13 所示。

图 1-13　ASO100 的 App 内容页

作为一个 ASO 工具，最核心的服务之一就是搜索监控服务，服务页面一般都叫“关键词/ASO”，其实就是 App 覆盖“搜索词”的列表。虽然早先 App Annie 等都有类似的功能，但 ASO100 则是对这个服务做了众多的改进优化，其数据更新速度非常及时，而数据的展现、操作等也都非常人性化，如图 1-14 所示。

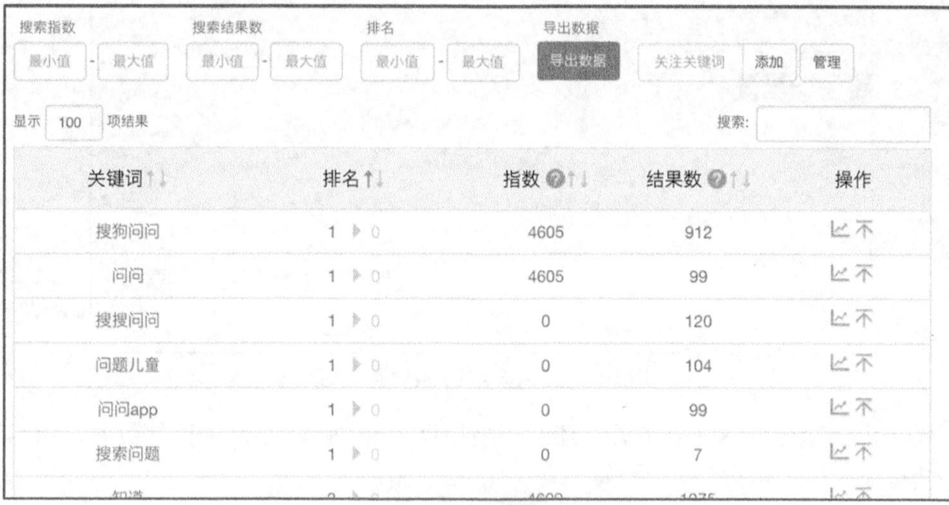

图 1-14　ASO100 的关键词排名监控

ASO100 还提供了微信订阅功能，可监控应用数据变动与榜单异常，满足开发者实时关注应用榜单数据变化和关键词排名变化需求。ASO 近期还推出了国际版功能，能够查询多个地区的 App Store 数据，同时还能查询国内主要安卓市场的数据。

3. 禅大师（www.ddashi.com）

禅大师由邢东进团队开发，团队曾做过母婴类 App，其 ASO 工具于 2015 年 10 月上线，是当时国内唯一一家同时提供安卓和 iOS 双渠道数据的平台，如图 1-15 所示。

图 1-15　禅大师的 App 内容页

除了常规的榜单监控、搜索监控功能外，其特色功能还包括智能化的竞品建议，以及 ASO 冲排名建议和对应的带量估计服务，如图 1-16 所示。

关键词	热度	当前排名	建议	预期
搜索	4837	152	优化至第1名	增加流量约 167/天
搜狗	6088	194	优化至第1名	增加流量约 493/天
种子搜索神器	4797	185	优化至第1名	增加流量约 137/天
作业互助组	4813	35	优化至第2名	增加流量约 11/天

图 1–16 禅大师的冲排名推荐

4. 德普优化/原微拓 ASO（www.deepaso.com）

微拓 ASO 优化工具于 2015 年下半年上线，后改名为“德普优化”，其特色定位为“出海必备数据分析平台”，支持 21 个国家和地区的 ASO 数据，包括热搜榜和关键词数据的查询。主推 App 出海，应该是一个不错的差异化发展方向，如图 1-17 所示。

图 1–17 德普的 App 内容页

在特色功能方面，其提供了关键词还原功能，笔者试过几个 App，还原出来的关键词和真实填写的有一定差距，但作为一个参考，能看看别家填了哪些词也是非常有价值的，如图 1-18 所示。

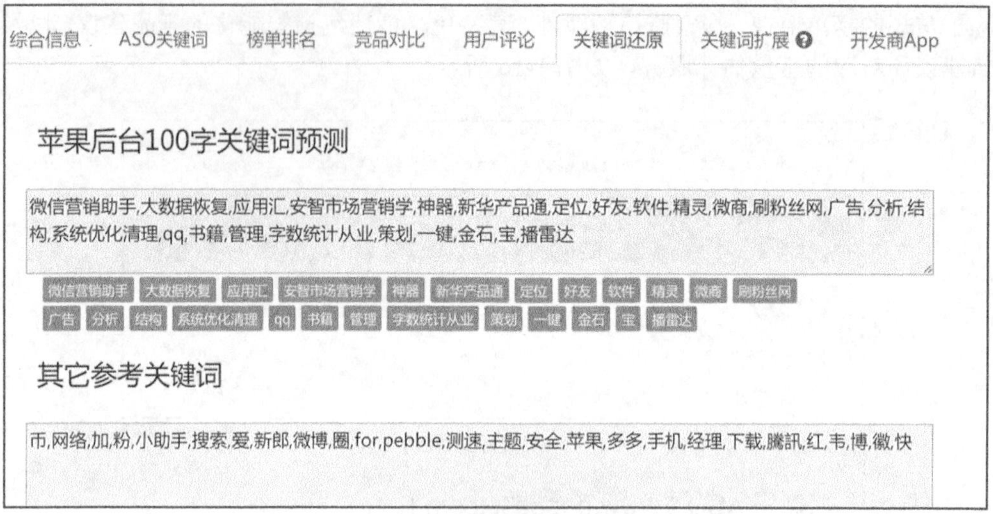

图 1-18　德普的关键词还原页

德普还一个比较有用的功能，就是关键词搜索量的估计，这也是国内较早提供该项数据的工具，如图 1-19 所示。

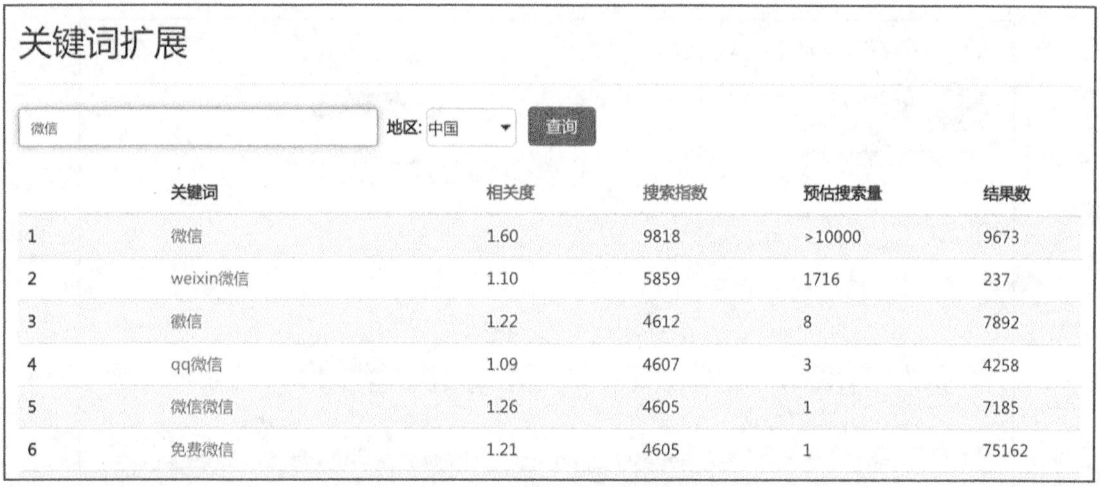

	关键词	相关度	搜索指数	预估搜索量	结果数
1	微信	1.60	9818	>10000	9673
2	weixin微信	1.10	5859	1716	237
3	徽信	1.22	4612	8	7892
4	qq微信	1.09	4607	3	4258
5	微信微信	1.26	4605	1	7185
6	免费微信	1.21	4605	1	75162

图 1-19　德普的搜索量估计

5. APPBK/App 运营助手（www.appbk.com）

APPBK 于 2015 年 7 月上线，团队成员原来都是在腾讯做搜索工作的，产品上采用了和很多竞品一样的发展策略，常用的搜索、榜单监控等分析功能都紧跟业内最好的产品，在此基础上发挥团队优势，在“数据挖掘”方面做出特色，如图 1-20 所示。

图 1-20　APPBK 的 App 内容页

搜索词覆盖数、关键词带量、冲排名估量等，这些服务构建了完整的 ASO 服务闭环。在关键词拓展方面，很多竞品只是简单地提供苹果的搜索推荐，而 APPBK 则提供了像百度广告选词后台那样的专业级拓词功能，包括以词选词、竞品选词等，如图 1-21 和图 1-22 所示。

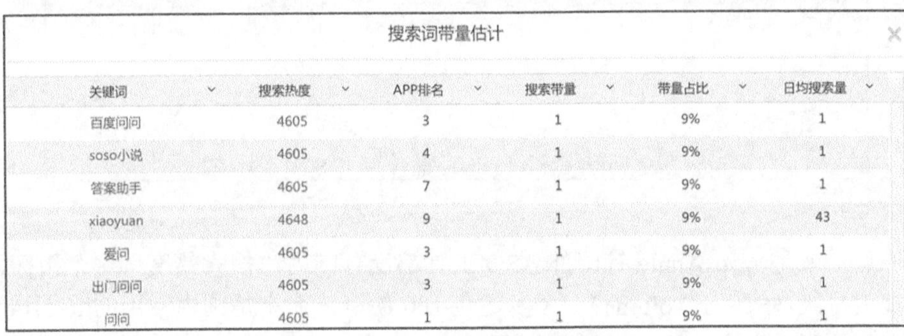

搜索词带量估计

关键词	搜索热度	APP排名	搜索带量	带量占比	日均搜索量
百度问问	4605	3	1	9%	1
soso小说	4605	4	1	9%	1
答案助手	4605	7	1	9%	1
xiaoyuan	4648	9	1	9%	43
爱问	4605	3	1	9%	1
出门问问	4605	3	1	9%	1
问问	4605	1	1	9%	1

图 1-21　APPBK 的关键词搜索带量估计

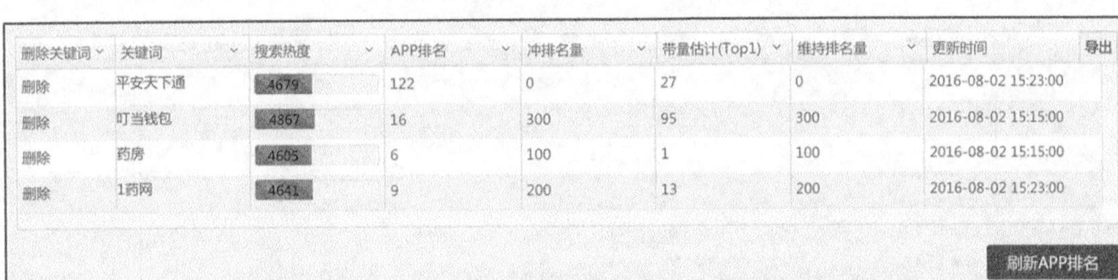

删除关键词	关键词	搜索热度	APP排名	冲排名量	带量估计(Top1)	维持排名量	更新时间
删除	平安天下通	4679	122	0	27	0	2016-08-02 15:23:00
删除	叮当钱包	4867	16	300	95	300	2016-08-02 15:15:00
删除	药房	4605	6	100	1	100	2016-08-02 15:15:00
删除	1药网	4641	9	200	13	200	2016-08-02 15:23:00

图 1-22　APPBK 的搜索冲排名推荐

APPBK 近期的目标是把“选词”服务做到极致，这毕竟是 ASO 最本质的需求，而且可以直接对接搜索广告。

1.5.2　国外 ASO 工具

1. App Annie（www.appannie.com）

App Annie 创立于 2010 年，号称是世界第一的企业应用市场数据解决方案提供商，也是国外较早提供 Top 1500 榜单的工具。而能利用 App Store 这样的公开数据，挖掘出有价值的投资、产品、运营等决策支持信息，也正是 App Annie 的核心竞争力所在。

ASO 方面，其早期只能由用户自己填写关键词，然后才能监控搜索排名情况，并没有自动列出 App 全部“搜索词”。但其在 2014 收购了专门做 ASO 的企业 Distimo 后，ASO 功能有所增强，也开始提供 App 覆盖的“搜索词”，但覆盖词数比国内工具提供的少，特别是中文的。而更新周期也相对比较长，基本上是一天一次，但对国外的 App 应该是足够了。App Annie 的 App 内容页如图 1-23 所示。

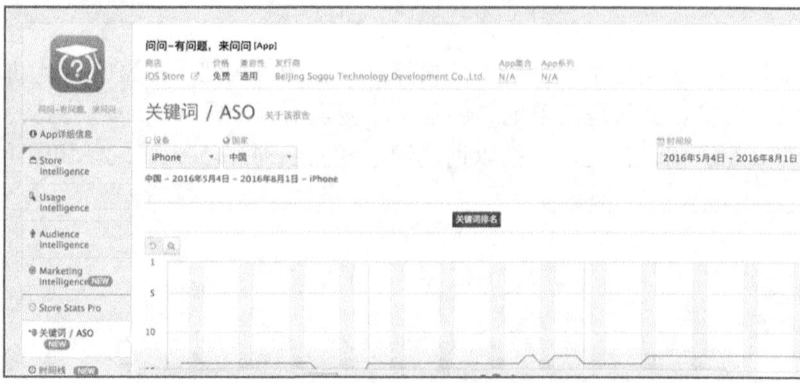

图 1-23　App Annie 的 App 内容页

还有一点，就是 App Annie 等国外 ASO 工具都没有国内“搜索热度”这个指标，一般都是类似的搜索量级（Search Volume），大多是 0~100 的值，而不是国内常用的 0~11000 的热度值，这一点是需要大家注意的，如图 1-24 所示。

热门关键词	排名 2016年8月1日	结果 2016年8月1日	搜索量级	难度	搜索量级 / 难度
sogno	14 ▼1	54	N/A	N/A	N/A
soso	18 =	93	N/A	N/A	N/A
sogou	29 =	56	N/A	N/A	N/A
么么答	35 =	192	N/A	N/A	N/A
development	50 ▲1	2,059	N/A	N/A	N/A
答案	89 ▲4	714	N/A	N/A	N/A
声	493 ▼4	2,150	N/A	N/A	N/A
beijing	495 ▼2	2,141	N/A	N/A	N/A
怀孕	502 ▼2	1,690	N/A	N/A	N/A
语音	545 ▼1	2,090	N/A	N/A	N/A
有声小说	618 ▼2	1,883	N/A	N/A	N/A
有声	633 ▼6	2,172	N/A	N/A	N/A

图 1-24　App Annie 的关键词排名监控页

2. SearchMan（www.searchman.com）

SearchMan 由 Niren Hiro 和 Noaki Shibata 等前谷歌员工于 2012 年共同创立，并迅速成为了该领域的主要服务供应商。ASO 服务是核心，而基于这个服务，还提供了 Facebook/Twitter 等社区广告的投放建议，如图 1-25 所示。

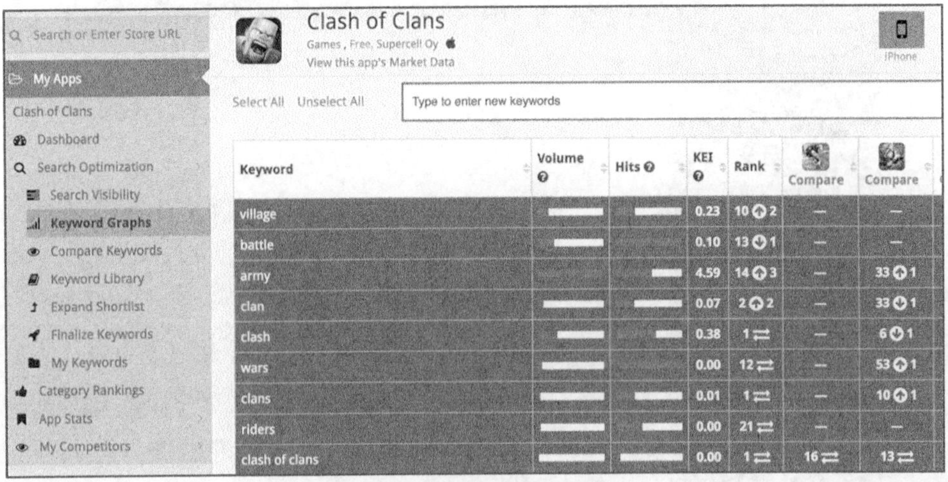

图 1-25　SearchMan 的 App 内容页

SearchMan 的服务明显有“技术流”的风格，其为应用优化构建了完善的指标体系，如 Search Visibility（搜索曝光度）、Keyword Volume（日均搜索量估计）、Keyword Efficiency Index（关键词推荐度）等指标，用于选词和衡量 ASO 效果，这些指标也被很多竞品所借鉴。而其 App 的关键词比较、关键词推荐等功能也是推出较早的，如图 1-26 所示。

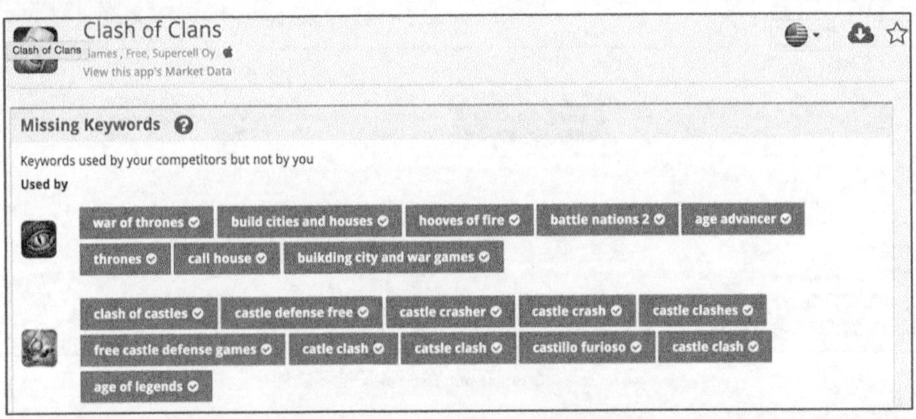

图 1-26　SearchMan 的关键词推荐页

3. SensorTower（sensortower.com/）

SensorTower 由 AlexMalafeev 和 OloverYeh 于 2013 年建立，一些知名的应用公司都采用此项服务。SensorTower 的界面相对简单明了，如图 1-27 所示。

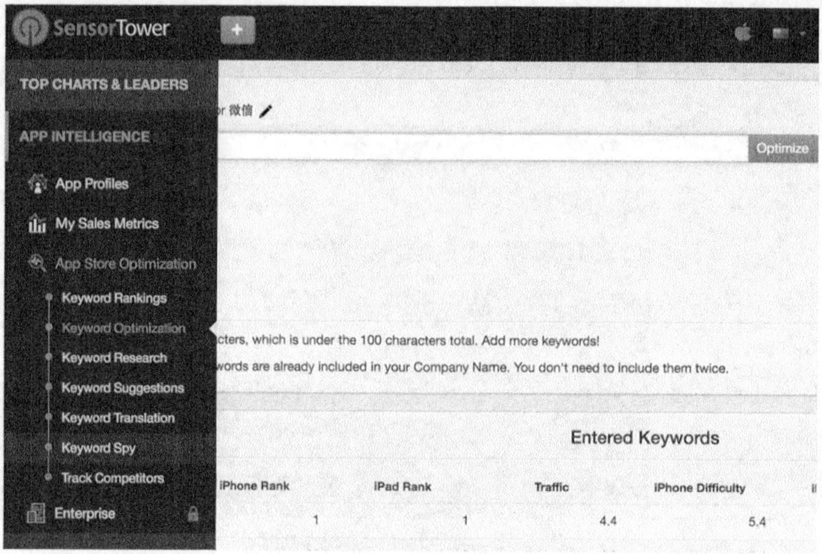

图 1-27 SensorTower 的 App 内容页

SensorTower 除了提供基础关键词监控、榜单监控服务外，还提供了 Intelligent Keyword Suggestions（智能选词建议），就是很多搜索广告工具中常见的“以词选词”功能。其推荐的关键词还给出了 Traffic（类似搜索热度），以及 Difficulty（优化难度）指标，帮助用户选词，如图 1-28 所示。

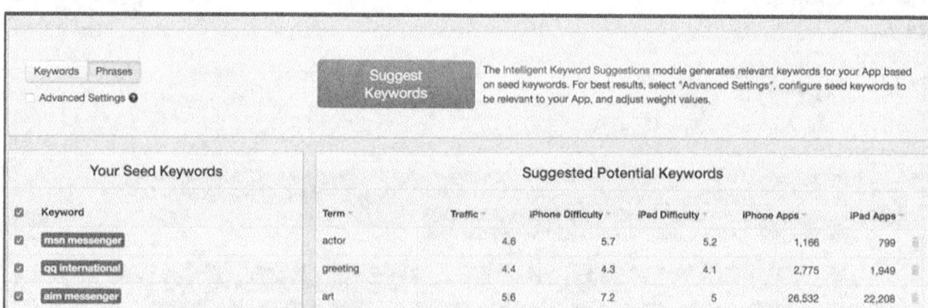

图 1-28 SensorTower 的关键词推荐功能

再者，我们还发现其提供关键词翻译功能，可以进行多个语言之间的翻译，这对 App 出海的同学而言，应该是非常实用的服务。和 App Annie 一样，SensorTower 也提供付费的 App 下载量和收入估计服务，如图 1-29 所示。

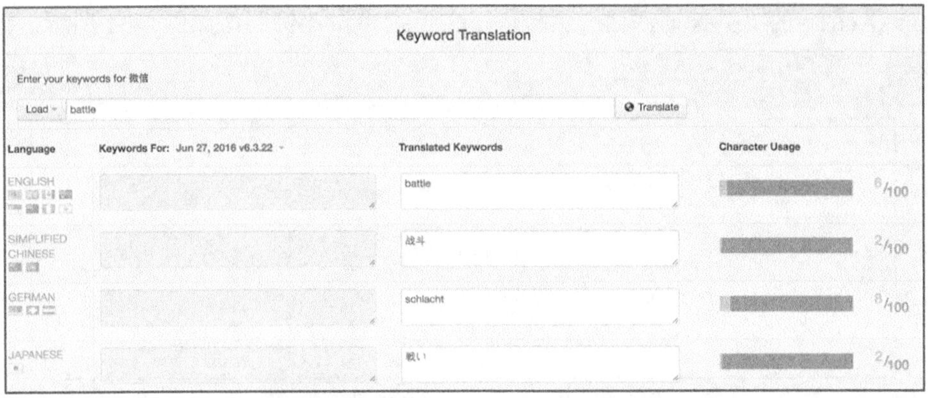

图 1-29　SensorTower 的关键词翻译功能

4. MobileDevHQ（www.tune.com）

MobileDevHQ 由 IanSefferman 等人于 2009 年创立，应该是最早的 ASO 工具，其宣称是应用商店优化的行业第一。它能为用户的 3 款应用提供永久免费的服务，包括一些基本的洞察，但大部分的其他工具都需要付费。

5. Mobile Action（www.mobileaction.co）

Mobile Action 由 Aykut Karaalioglu 于 2013 年创立，号称有超过 7 万的 App 都在使用此服务，还计划收录我国的 Top 10 安卓市场的数据，其目前主要收入为每月 5000 美元的企业客户服务。

其主要特色在于开发了 App Visibility Score 指数，用于综合衡量 App 的榜单、评论、搜索等指标，可以帮助客户评估广告效果，制订广告计划，如图 1-30 所示。

图 1-30　Mobile Action 的 App 内容页

Mobile Action 的“关键词评估”页提供了关键词带量比例图，如图 1-31 所示，这对衡量 ASO 的效果非常有用。

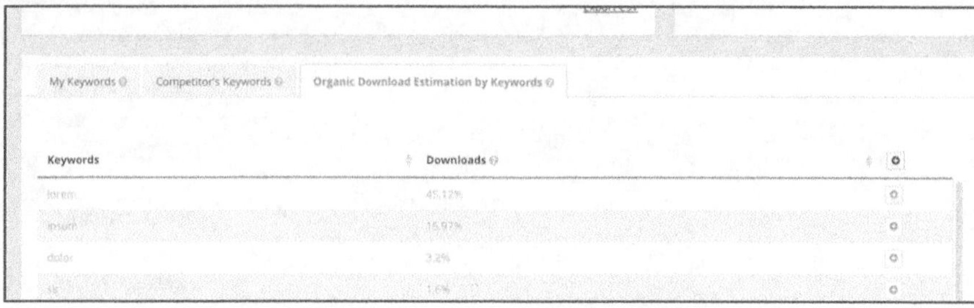

图 1-31　Mobile Action 的关键词带量计算

其关键词推荐，也是采用“竞品选词”和“以词选词”两种方法，如图 1-32 所示。

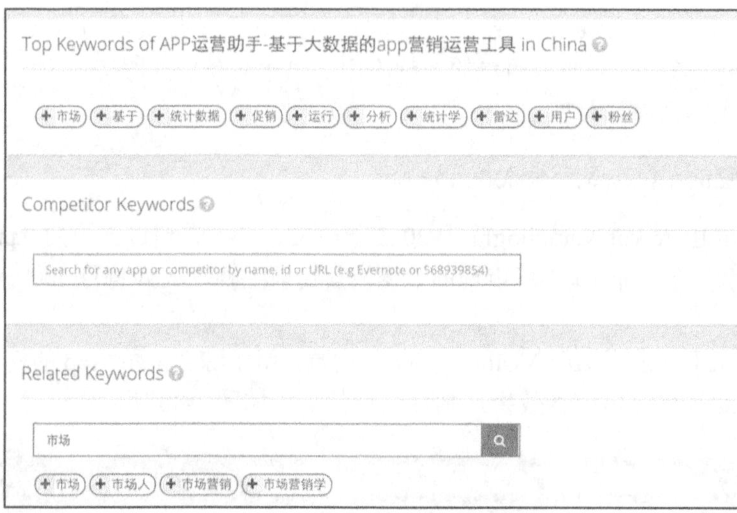

图 1-32　Mobile Action 的关键词推荐

除了 ASO 服务外，Mobile Action 还提供 App 的用户画像功能，可以获得用户的性别比例、年龄等数据，这对做 App 用户定向广告还是非常有用的，至于数据如何获得的，暂时未知。

可以看到，国内外的 ASO 工具服务大致都可以分为两个部分。

- 数据分析：主要是应用市场数据的展示，包括榜单监控、关键词搜索监控，以及竞品关键词对比、竞品榜单对比等功能。
- 数据挖掘：主要是对应用市场数据进行深入挖掘，提供 ASO 相关服务，如关键词推荐，关键词带量计算，App 下载量、收入量估计等。这些服务一般都需要机器学习、人工智能等技术的支持，而不是简单的统计分析。

国内相关工具的“数据分析”服务明显比国外的优秀一些，而“数据挖掘”功能则相对差一些。这其实也是需求驱动的，国内主要就是要监控刷榜，靠倒卖流量赚钱。而国外的工具并没有“刷排名”服务，很多免费分析服务都有限制，而“数据挖掘”服务大部分也是收费的，毕竟人家要靠工具本身吃饭。

使用方面，国内 ASO100 是使用较多的工具，而其他产品在统计分析功能上和 ASO100 都大同小异，但都有一些自己的特色，因此，可以结合自己 App 的特点，综合选择两到三家的服务。

国外方面，很多 App 团队都会用到 App Annie，主要是其数据源非常广泛，分析的指标非常清晰，而且数据分析大部分是免费的。但因为其并不是专业做 ASO 服务的，据我们了解，很多国内 App 出海的团队一般用 SenseTower 多一些，而 SearchMan 和 Mobile Action 则是很多国际团队的首选。

1.5.3 ASO 工具发展趋势

目前国内仍在运营的 ASO 工具大概有二三十家，但 ASO 数据分析并没有太高的门槛，如何实现产品的差异化，可能是 ASO 工具团队需要重点考虑的问题。从长远来看，盈利模式的创新可能更为重要。目前国内 ASO 工具的商业模式和早期应用雷达的模式并无差异，以工具吸引用户，靠刷排名盈利，看似不错，但苹果搜索广告很快就会上线，CP 未来投入在 ASO 和 ASM 上的费用比例很难预知。

而国外的大部分 ASO 服务，基本都是免费“数据分析”服务+付费“数据挖掘”服务，这样的商业模式受搜索广告影响不会太大。典型的如 App Annie，其付费服务就包括 App 下载量、收入量估计，基于 App Store 数据的广告效果分析等。而其面向投资人的报告服务，可分析一个垂直领域的竞争水平、潜在行业领袖、App 收入等。举个简单的例子，如果能准确预测 pokeman 的下载和收入，你会买任天堂的股票吗？在一个服务皆应用的时代，App Store 数据显然最能反映一个企业的业绩。

国内的像 ASO100，近期就推出了一些面向投资人的服务。而应用雷达很早就开发了 App 内置 SDK 统计服务，如果能把 APP 内部数据和市场数据相结合，对 APP 的数据分析显然会更精准。APPBK 则是走“技术流”路线，向国外同行学习，像我们之所以能将原来 2000 元左右的人工选词服务，打包到 99 元/月的 VIP 服务中，就是开发了“人工智能”选词系统，我们的 ASO 优化师只需要一些基本的确认和调整，就能完成全部的选词工作。

收集、处理、分析数据确实是一件有意义的事并将产生价值，但问题在于，我们能从大数据里挖掘到多少价值？这是当前对“大数据”的最主要质疑，其实也是 ASO 工具未来发展的核心问题。在搜索监控等分析服务已经非常成熟、现有商业模式前景不明的背景下，深刻理解行业需求，开发“赚钱”的数据服务，活得更久，这可能是 ASO 工具团队比较现实的选择。

1.6 App 运营用例

《从零开始做运营》一书中有讲到，缺少实例是很多经验分享类文章的短板。“纸上得来终觉浅，绝知此事要躬行”，最好的学习就是真刀实枪地实践起来。我们决定做一个简单 App，以此为例，让大家都能参与运营，在实践中学习。

我们将按照 App 运营周期，分别进行产品分析、ASO、刷排名、社区运营、社区广告等操作。相关的文章将陆续刊出，并计划出版一本《App 运营实战：从入门到精通》。

我们的第一篇文章，就是讲述该选择什么样的 App 作为实战的例子。

1.6.1　需求分析

首先，作为运营实战的例子，这个 App 应该简单、通用，让感兴趣的人员都能参与。如果做一个数学小游戏或者一个禅修宝典之类的，可能只会有少部分人感兴趣。而像网游之类的 App，我们显然没精力去搞。

再者，最好对 App 运营有实际价值。我们最先想到的就是做一个有关 App 市场的 App，但显然，苹果是不给上架的，风口也早过了。但想想我们是做 App 数据分析的，而且有较强的推荐技术基础，因此可以做一个类似“最美应用”的 App 推荐类产品，要是能做得好一点，还能给大家分点流量。

最后，最好能赶上一些热点。现在最热的当然是“直播”了。我们就考虑做个“视频+推荐”的产品，而视频形式显然会比文章攻略之类的更有感染力。

从 CP 的角度来看，大量产品缺乏好的曝光渠道；对用户而言，榜单固化，偶有新品基本也是刷上去的，缺少参考价值。这些问题由来已久，但一直没有得到很好的解决，各种应用推荐类产品反而都快被淘汰了，我们就看一些现有的竞品。

1.6.2　竞品分析

1. 最美应用

最美应用是国内最有代表性的应用推荐产品之一，主要是通过内容运营吸引用户下载。其核心点就是“作为应用市场的补充，从 80%的长尾应用中找到优秀的产品”。

我们来看其 App Store 的基础数据，榜单趋势图如图 1-33 所示。

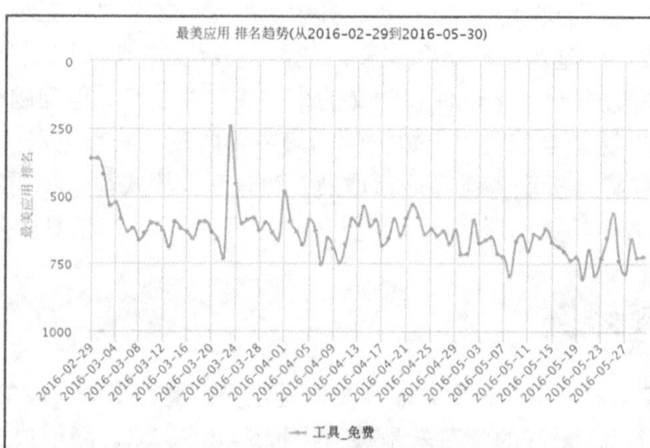

图 1-33　一个 App 的排名变化趋势图

搜索词覆盖如图 1-34 所示。

常用词 | 核心词 | 全部词

关键词	当前排名	搜索热度
最美	1 ▸ 0	4622
最美应用	1 ▸ 0	4662
euclidea	3 ▸ 0	4606
最美祝福	3 ▸ 0	147
应用	4 ▸ 0	4671
爱应用	4 ▸ 0	4605
demo8	16 ▸ 0	4605
最美锁屏	16 ▸ 0	4605

图 1-34　App 的搜索词覆盖

“最美应用”排名基本都在分类榜单的 700 名左右，由于 App Store 榜单只展示 Top 150 的 App，用户只能通过搜索来获得 App，而其排名 Top 3 的搜索词热度都在 4605 左右，估计一天也就几十个搜索，下载大致也是这个量级。目前的状态大概是“好好活，就是有意义”。

2. 大神 TV

这是手游视频直播分享类应用，基于视频/直播/攻略运营来吸引用户下载 App，和我们的 idea 比较类似。其 App Store 基础数据情况如下，榜单趋势如图 1-35 所示。

图 1-35　App 排名趋势

搜索词覆盖如图 1-36 所示。

常用词　核心词　全部词

关键词	当前排名	搜索热度
233手游直播	1 ▸ 0	4613
屏幕录制专家	1 ▸ 0	4608
手机屏幕录制	1 ▸ 0	4606
游视秀	1 ▸ 0	4629
大神	1 ▸ 0	4607
录屏	1 ▸ 0	5157
游戏录像	1 ▸ 0	4605
苹果录屏	1 ▸ 0	4612
大神tv	1 ▸ 0	4757
录屏专家	1 ▸ 0	4622
手游录制	1 ▸ 0	4605
游戏秀	1 ▸ 0	4605

图 1-36　App 覆盖的搜索词

这个产品比“最美应用”活跃度高一些，其覆盖的搜索词在 Top 10 的有 90 个左右，但热度都偏低，大部分在 4605 这个基线左右，每天的下载量估计在 100 的量级。

其他类似的 App 还有 shou.tv/223.tv 等，对应的 App Store 的基础数据都很一般。我们早期也做过一款 App 推荐类产品，和很多同行也聊过，大家做到一定程度，似乎都能得到一点共识，就是“好的应用从不缺少发现”。这个问题也反映了此类产品的尴尬处境。如何做好“内容运营”？创新可能是破局的关键。

1.6.3　最小可行产品

有了基本的需求，通过竞品分析也大致了解了市场情况，接着就要规划出一个能快速实现的产品，验证我们的 idea。流行的说法，就是要做一个“最小化可行产品（Minimum Viable Product, MVP）”。

首先，只关注“游戏”类 App，暂时不涉及“应用”。应用类 App 基本已经固化，像最美应用主要就是推荐一些垂直小众的应用；而游戏生命周期较短，是常新的，推荐的价值也会更高。

再者，将“游戏”类 App 限制为 Top 1500 榜单上的。1500 以外的 App，“挖掘”的成本会非常高。进一步讲，我们重点关注 Top 1500 中上升最快的。

最后，视频数据方面，暂时只用 Youku 的相关视频。我们的 App Store 数据非常齐全，但还没有视频数据，自然会想到 Youku 的数据。Youku 的 API 非常齐全，而且鼓励第三方应用播放，一起分成。至于“直播”，其需要一定的人气支持，而且目前录屏功能还不完善，我们就放到下一个版本去做。

至此，我们的“最小可行产品”就是“基于 Youku 视频的新手游推荐”，特色就是“App Store 数据+Youku 数据”的整合挖掘。

我们也可以畅想一下这个 App 的未来。这类产品现在是不温不火，但从搜索的历史来看，百度十多年来一直顺风顺水，而各类推荐类产品，包括 soso 曾经要做的情景搜索，都声称取代百度，但无一例外都成了反面案例。而现在，“今日头条”类推荐产品在信息获取方面，已经实质性威胁到了百度的地位，特别是在使用时长方面。可以说“推荐引擎”与“搜索引擎”两分天下只是时间问题。而 App 领域，很可能也会经历这样的变化，只是时机未到，我们的 App 就是要做 App 发现领域的“今日头条”。

上面说的“需求”—>“竞品”—>“最小可行产品”都是产品基本套路，这里只是泛泛而谈。作为运营，了解产品设计的基本思路，学习一些基本的方法是非常必要的。简单来讲，如果你连竞品是什么都不清楚，可能就对 ASO 选词无从下手。

我们实战文章要用的 App 如下所示。

名称：最好玩——看视频，选手游，最好玩

url：https://itunes.apple.com/cn/app/id993479114?mt=8

iTunes 账号（营销/运营类型）：appbk123@youyue-inc.com

密码：appbk123

（从 https://itunesconnect.apple.com/ 登录，即可查看该 App 全部信息）

源代码：https://github.com/maris205/appbk_video

运营模式：开源/开放式运营

1.7 ASO 干货聚集地

以下为国内知名的 App 运营公众号，都有大量的 ASO 相关干货文章。

1. 鸟哥笔记

微信号：niaoge8

网站：http://www.niaogebiji.com/

2. 姑婆那些事儿

微信号：gupo520

网站：http://www.gupowang.com/

3. APP 干货铺子

微信号：ganhuopuzi

网站：http://www.appganhuo.com/

4. 青瓜传媒

微信号：iqinggua
网站：http://www.opp2.com/

5. App 营销学院

微信号：appmkt
网站：http://www.appyxxy.com/

6. 文公子 ASO

微信号：App StoreOptimization
网站：http://www.wgzaso.com/

7. ASO 优化大师

微信号：AppHub

8. ASO100 情报中心

微信号：aso100news
网站：http://aso100.com/zhuanlan

第 2 章　App 基础信息优化

2.1 App 标题优化

每逢苹果严打，就有很多 App 运营反映以前没有任何问题的 App 标题，提交 App Store 审核时居然被拒了。给出的信息都是下面的模板：

> *Your App name to be displayed on the App Store includes keywords or descriptors, which are not Appropriate for use in an App name.*
> *Specifically, the following words in your App name are considered keywords or descriptors:*

APPBK 运营助手——提供 App 应用推广、ASO 优化、关键词选词、榜单排行监控服务。

> *Next Steps*
> *Please revise your App name to remove all keywords and descriptions. Keywords can be entered in the Keywords field in iTunes Connect to be used as search terms for your App.*

1. 问题分析

这段文字的翻译为：你即将展示在 App Store 中的 App 名称，包含了不适宜的关键词或描述符。这些词具体如下所示：（一般就是你的全部标题）。下一步，请修改你的 App 名称，去掉所有不适宜的关键词和描述符。你在 iTunes Connect 关键词字段添加的词，都可以用来搜索你的 App。

主要意思就是，你加了一些不适宜作为 App 名称的词。至于到底哪些词不适宜，需要用户自行查找。

解决办法：根据以往的经验，把副标题控制在 15 个汉字以内，一般就能通过。

至于苹果审核为什么突然变严格了，看看历史就知道。几乎每隔一年，就会有一批“小白”运营上岗，自以为掌握了 ASO 的“秘诀”，把副标题塞满各种热门词。于是，苹果开始严打，“小白”们吃一堑长一智，变成了“大白”。到了来年，又有一批“小白”运营下山闯江湖……

为了避免这种“循环”，本文就大致总结下相关的经验，探究下什么是“好的”App 标题优化策略。因为 App 的正标题更多属于产品的范畴，这里主要讨论 App 的副标题优化。

2. 苹果规范

首先还是看下苹果的最新规范：（https://developer.apple.com/App-store/review/guidelines/）。App 名称相关的主要是下面这一条：

> 2.3.7 Choose a unique App name, assign keywords that accurately describe your App, and don't try to pack any of your metadata with trademarked terms, popular App names, or other irrelevant phrases just to game the system. Apple may modify inAppropriate keywords at any time.

译文：选择一个与众不同的名字，填写能够准确描述您 App 的关键词。不要试图在你的元数据中堆砌品牌词、热门 App 名字，以及毫不相关的短语来戏弄系统。苹果可能会在任何时间修正不合适的关键词。

苹果对标题的规范已经说得非常清晰了，和之前的规范相比，苹果明确地说不要“game the system”。

3. 标题优化策略

一个好的标题优化策略应该兼顾 3 个方面。

- □ 用户体验。
- □ 搜索优化。
- □ ASO 生态。

用户体验显然是最重要的，毕竟 App 的标题还是要给人看的，这直接关系到 App 的下载转化率。一个好的 App 副标题应当具有如下特征。

- □ 对 App 名称做更好的阐述。更有效地充分展示 App，有利于用户理解产品本身。因为很多 App 的正标题都是品牌名称，如“百度糯米”，而加上“电影，美食团购”，就能详细地说明 App 本身的功能。还有如“城市精灵——现实世界抓宠，真实地图交友”，也是这样的例子。
- □ 能体现新功能和差异性。因为 App 正标题基本是不变的，因此很多 App 就在副标题里面做文章，典型的如一些视频 App，如“爱奇艺——我去上学啦 2、余罪、老九门独播、电影电视剧综艺直播视频播放器”，还有游戏类 App 体现新玩法的，如“天天爱消除——故宫寻宝”。
- □ 通俗易懂。不少 App 副标题就是简单的关键词堆砌，这只能让 App 显得更山寨，即使排名上去了，转化率也不会太高。如果非要加一些热门词，最好组成一句话。

如果过度堆砌关键词，如图 2-1 和图 2-2 所示的 App 名词，用户会困惑这是“正经”的 App 吗？

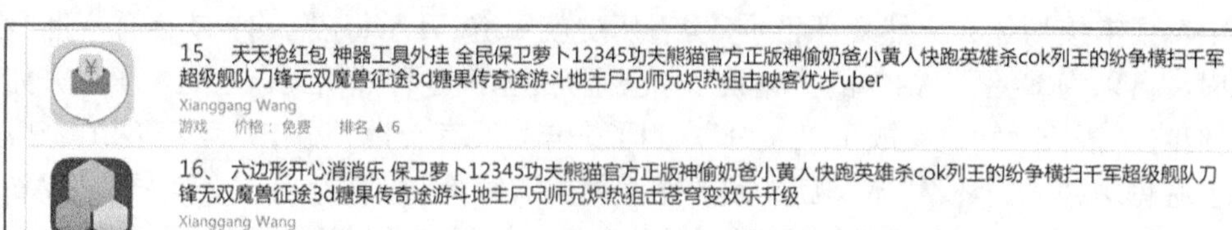

图 2-1 一些标题堆砌关键词的例子

图 2-2 手机上 App 的展现

一些好的标题例子如下。

（1）应用类

□ VUE——视频拍摄利器，轻松拍出电影质感。

□ 蝉游记——攻略/游记/旅行工具箱。

□ halftone2——漫画书制作工具。

（2）游戏类

□ 超脱力医院——最好玩的中文单机模拟经营类游戏。

□ 吧唧猫——无休止的狂热街机游戏。

□ 逃出实验室——黑科技极速酷跑，疯狂密室大逃亡!

这些标题，让用户对 App 的功能和特色一目了然，并且也都包含了热门的行业词。

苹果后台可以最多写 255 字节，约 80 个汉字。但因为手机上 App 搜索结果页大致一行能展示 15 个汉字，最多两行约 30 个汉字，再多就会显示省略号了，因此标题以不超过 30 个字为宜。

榜单上的 App 都是相对比较优秀的，因此可以参考这些 App 的标题长度设置。我们分别统计了 APPBK 2016 年 8 月 5 日总榜单的免费、付费、畅销榜前 100 名 App 的标题字符数目，可以作为参考，具体结果见表 2-1。

表 2-1 排行榜中 App 的标题平均字符数(一个汉字或标点，均算作一个字符)

榜单类型	Top 20	Top 50	Top 100
付费榜	23	23	20
免费榜	17	19	20
畅销榜	24	20	20

可以看到，大部分 App 的标题长度，都是略超过一行（15 个字符），简洁明了还是优秀 App 选取标题的主旋律。

在搜索优化方面，最好在保证“用户体验”的前提下，进行合理的优化。具体的选词标准和关键词选词基本一致，这里就不再详述。主要是在副标题中加入最重要的关键字，如需要冲排名的词。再者，标题中的词不需要在关键词中重复。如果审核比较严格，一般不宜使用竞品词作为副标题；审核不严格时，隐含地加一些也能通过。

最后一点，ASO 一定要适度，毕竟这是一个底线清晰的多方博弈，如果单方面破坏了 App Store 的游戏规则，即使你能侥幸成功一次，长期来看也只会造成消极影响。像在 2014 年，就有国外的 ASO 报告指出，苹果大幅调整了副标题的权重，主要就是因为关键词堆砌泛滥。而像近期这样，虽然只是少数 App 打破底线，但大家就只能写一二十个字的副标题了，即使正常使用，也无可奈何。

2.2 App 描述之八股文案

为一个 App 写介绍描述，可能是最体现运营文案功底的，但不少运营人员写个稍长的 E-mail 都会语无伦次。

这种背景下，要写出精彩绝伦的 App 描述显然不切实际，但至少能写个基本可用的吧。八股文之类的模板虽然略显死板，但至少规范，让大部分掌握基本文字技能的运营人员，都能写出一篇合格的文章。而本文的目的就给出一个 App 描述的常用模板。

正所谓“文如其人”，App 描述就是一个 App 的简历，其重要性不言而喻。

- 直接决定 App 的下载转化率。用户在榜单页或搜索结果列表页能看到 App 的标题、icon、截图，有了初步的兴趣后，大部分用户还会点击查看应用描述，而描述的好坏会直接决定内容页的下载转化率。
- 描述的前 5 行字符更重要。应用描述的字数限制为 4000 个字符，但内容页默认只展示前 5 行，约 120 个汉字（iPhone 6s 为例），这最开头的 120 个字符决定了用户会不会继续看完后面的描述语句。
- 未来的 App Store 搜索广告也会检索到你的描述。如果描述写的和 App 风马牛不相及，很可能有钱也花不出去。

1. 描述的要点

（1）目的

吸引用户下载应用。

（2）要点

- 简洁明了。标题和截图已经给了用户大致的概念，描述中无需再重复，给出用户感兴趣的细节即可。

- □ 开门见山。使用直截了当的语言抓住用户注意力，调动起他们想要进一步了解 App 的动力。
- □ 突出特色。市场上存在大量同质化 App，随便一个细分领域都能找到上百个类似的应用，如何让用户觉得你“与众不同”，正是描述需要解决的问题。

2. 描述的模板

产品的文案撰写有个相对通用的“FAB”法则，即 Feature 属性、Advantage 作用、Benefit 益处的法则。而 App 的描述，也可以按照这个准则来写。

- □ 一句话描述你的 App 是什么类型，是游戏、工具，还是其他别的，类似于新闻稿中的重点摘要。典型的如“网易云音乐，1 亿乐迷为之狂热的音乐 App”“跑酷游戏的鼻祖！超过 3 亿玩家的超经典跑酷游戏”。
- □ 两到三句话，描述 App 的最核心的特色，这和上一条内容构成了 App 描述中默认展示的部分。
- □ 留一个空行。主要是为了更突出上面两部分内容，毕竟大段的文字往往会很快让读者失去阅读兴趣。留一个空行，会让主次更分明，也让描述文字阅读起来更顺畅。
- □ 用几个“短段落”的形式描述 App 的功能和特色。典型的“短段落”大致就是两三句话，第一句是要点，后面两句是要点的补充描述。本文使用的就是“短段落”的形式。在格式方面，可以使用列表的形式，用数字或者“点”开头。或者每个段落前加一个小标题，让结构更清晰。
- □ 一些有代表性的用户评论，行业内的奖项，或者 App Store 的推荐。这部分可以独立成段，也可以当作 App 特色的一部分。
- □ 联系方法，如微博、微信、网站等。

3. 典型案例

应用类，如图 2-3 所示。

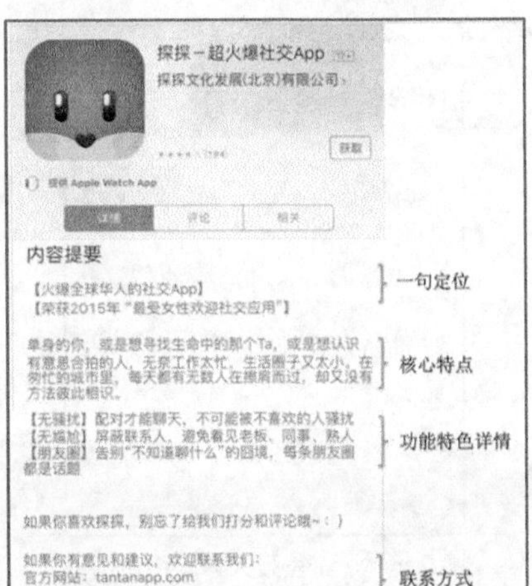

图 2-3　应用类 App 的描述例子

游戏类，如图 2-4 所示。

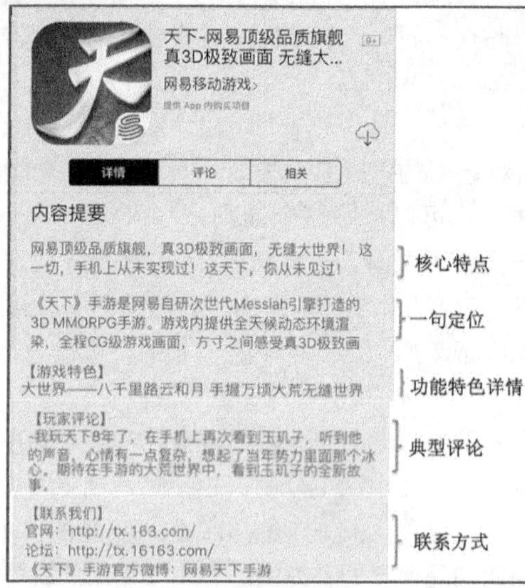

图 2-4　游戏类 App 的描述例子

可以看到，上面两个例子都是本文所讲的典型套路，虽然中规中矩，但完成“描述”的基本功能还是没有问题的。

然后再举一个笔者觉得差强人意的例子，如图 2-5 所示。

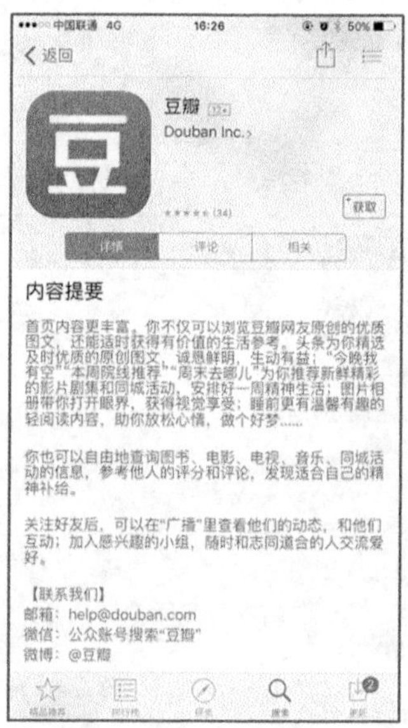

图 2-5　一个差强人意的描述例子

这个描述最明显的问题就是一个段落文字太多，特别是在手机端显得过于拥挤，估计很难有用户会去细心品味。再者，App 描述的第一句话，一般都是给 App 一个最基本的定位，而这句“首页内容更丰富”，会让从没用过该 App 的用户觉得莫名其妙，显然对吸引新用户不利。而即使像淘宝这样的必备应用，第一句描述也是“……满足生活消费和线上购物需求的软件……”。

4. 效果分析

App Store 的 iTunes 后台分析服务，提供了应用页面展示次数和购买次数。对大部分 App 而言，不看 App 内容页，直接下载 App 的用户还是少数。因此，我们大致可以用“App 购买量/产品页面展示量次数”这个指标来衡量 App 描述的好坏，具体如图 2-6 所示。

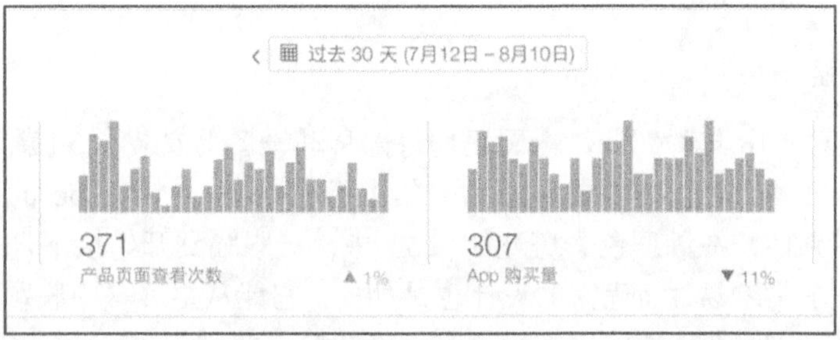

图 2-6 iTunes 中的 App 的购买量和内容页展示量数据

要想写出一篇优秀的 App 描述文案，除了掌握套路外，最直接的方法就是多看一些优秀 App 的文案。但文无定法，多读多看，突破套路，一定能写出更精彩的描述。

2.3 icon 的需求

App 的 icon 图标一般都是由专业设计人员来做的，但作为运营人员，一般也会从产品推广的角度给出一些 icon 的设计建议。具体该给一些什么样的建议，才能让大家觉得你专业呢？本文就从运营角度，探讨下 icon 设计的要点。

2.3.1 icon 的作用

从运营推广角度来看，icon 的重要性主要体现在两个方面。

1. 增加下载

icon 是产品在应用商店的形象代表，它能传达给用户应用程序的基础信息，并能够给用户带来第一印象感受。在拥有 200 万应用的 App Store 中，平均一个图标如果在 1.5 秒内不能吸引用户的注意，那么用户就会忽略它。图标的好看与否不仅能看出应用本身的设计水平，更能提高被下载的概率。当用户在 App Store 中看到应用的图标时，他们就会根据看到的图标来推测应用的使用体验。如果图标看上去很优美精致，用户就会下意识地认为这个应用也能够给他带来优秀的使用体验。高质量的 icon 能明显增加下载转化，让进入应用界面的流量尽可能转化为下载，从而变为产品的目标用户。

2. 增加日活

苹果设计宣传师麦克·史登（Mike Stern）曾经表示，一款应用图标不仅能诱使消费者去购买应用，它更能提高用户与应用互动的积极性。如果每次用户看着一款图标都会有眼前一亮的感觉，那么他们使用这款应用的频率就会更高。

2.3.2　icon 设计要点

从运营的角度来看，icon 应该具有以下特性。

1. 可识别性强

据 TalkingData 2016 年的统计，全国平均每部移动设备上安装了 34 款应用。而在手机展示时，icon 是远大于标题的，用户的注意力会集中于图标上。一个 App 的图标存在的意义就在于具有很强的识别性，在满屏色彩斑斓的 icon 中，一眼瞄到开始接下来的操作。就如从噪声中找到一首短歌非常容易，而优秀的设计也是如此，它能从主屏幕中脱颖而出。至于如何检测 App icon 的可识别性，把你的应用图标放在一堆图标里面，然后走到离屏幕 3 米远的地方，看看能不能一眼就找到的图标，如果能的话，那你就成功了，具体如图 2-7 所示。

图 2-7　直播 App 列表

2. 可展示功能

和传统的产品 logo 设计相比，App 图标的设计应当更强调应用本身的“属性”，用户不必看 App 名字，只看图标就知道其用途。如果用户看了图标还是不明所以，那么首先一点就是用户的体验不好。图标首要目标就是要保证用户能看明白，然后在此基础上进行美化，一些例子如图 2-8 所示。

图 2-8 功能一目了然的 App icon（Wi-Fi 万能钥匙、天气（苹果自带 App）、qq 音乐）

3. 不要过多使用文字

现在不少 App 在 icon 上加文字，似乎这样能更直接地展示 App 功能。但问题在于 icon 中的文字很难阅读；再者，在全球化时，由于不同国家语言的问题，导致潜在用户难以理解 icon 的含义。当然，可以使用首字母或者一个汉字，与一长串文字或字母相比，单字或单字母的图标设计相对简单，而且可以满足功能展示的需求。像在 2013 年，Path 和 Pinterest 为了争一个“P”开启了一场商标大战——二者的图标都是在字母“P”的基础上经过重新设计而成，如图 2-9 所示。

图 2-9 Path（左边）和 Pinterest（右边）的图标

但用干巴巴的文字来具象化应用似乎缺少创意，在图标中包含应用名称更是不必要。因此，如果条件允许，还是花时间做更酷的图形概念吧。一些文字图标例子如图 2-10 所示。

图 2-10 icon 中的文字展示效果

4. 对图标进行测试

在制作了一个图标之后，不要忘了在各种颜色的壁纸上测试图标的显示效果，也不要忘了将图标放在文件夹中测试一下显示效果。此外，在用户的设备上，图标会以不同尺寸出现。例如在 App Store 中，图标的尺寸最大；在不同规格的手机上，图标的尺寸会缩小；而在通知栏中，图标的尺寸最小。你需要确保图片在所有尺寸下看上去都美观大方。

我们自己的 App icon 是找专业 UI 设计的，icon 的正式设计流程，一般都会由产品、运营、UI 共同确定需求。作为运营人员，可以结合自己的产品并参考上述建议，给出 icon 的一些更具体的运营层面的需求。如果是小的创业团队，也可以在猪八戒网站上找一些 icon 制作的团队，质量也都还行。当然，最简单的，也可以用美图秀秀做一些简单的素材，用一些线上的 icon 生成服务加工下，做个及格水平的 App icon 也没有太大的问题。

各种风格的精美 icon，除了直接看 App Store 外，还可以参考以下网站：

http://icon.reeoo.com/

http://iosicongallery.com/

2.4 App 截图要点

App 的截图，是展示 App 的功能和特色的最直接方式，正所谓"一图胜千言"，特别对游戏类应用，画面如何、操作性如何，往往都能一目了然。好的截图，可以直接影响 App 的下载转化率。

正如图形和 UX 设计师 Andy Watts 指出的，在移动行业，强调截图并不仅仅关乎艺术设计，它还是一个很好的传达游戏故事的机会。Andy Watts 表示应用的每张截图都在向用户传达一个重要信息，它可以帮用户了解应用的优势所在。另外，他还建议所添加的文本务必简洁明了。

由于 App 的截图制作一般都是由运营人员主导的，因此本文除介绍截图的一般要领外，还会对具体的截图处理方法进行简要的说明。

首先，需要说明的是，上传 App 的截图和预览只需要提供一套截图，以及一个支持的最大尺寸设备的 App，其他型号与地区的设备将会自动适配。而在 2016 年 8 月前，iOS 开发者上传 App 时需要准备多套尺寸的截图，如 3.5 英寸、4 英寸、4.7 英寸、5.5 英寸，这还仅仅是 iPhone，如果 App 还支持 iPad，则需另加 9.7 英寸和 12.9 英寸版本。少任何一个图，都没法提交，因此不少开发者都会利用一些在线服务上传一套，然后转成不同规格的截图。现在苹果自己提供了类似的服务，就没必要这么麻烦了。

2.4.1　截图要领

截图要领，就是要搞清楚该选择哪 5 张图作为 App Store 的展示图。苹果的限制主要是"截图必须如实反映游戏实际内容，不要在你的产品中使用苹果官方的产品图像。"

一般 App 都会放 5 张截图，但第 1 张图往往是最重要的。像很多玩家会下意识地仅凭一张截图就判定你的游戏。第 1 个截图设计得好，玩家们才会被吸引，才会有兴趣点击你的游戏，希望获得更多体验。下面就按应用和游戏两个类分别介绍截图要领。

1. 应用类 App

App 截图的选取其实和介绍的写法大致一样，第 1 张图一般对应 App 最核心的功能特色，让用户能直接读懂这个 App 的用途，后 4 张图对应更具体的 App 功能特色。

我们以“探探”为例，其第 1 张截图如图 2-11 所示。

可以看到，其第 1 张图就是对应描述中的“火爆全球华人的社交 App，如图 2-12 所示。左滑无感、右滑喜欢，互相喜欢即配对聊天”，这也是 App 最核心的特色。我们也注意到探探的视频广告，也是在突出其最核心的“左滑无感、右滑喜欢，互相喜欢即配对聊天”。

图 2–11 探探的第 1 张截图

图 2–12 探探的视频广告截图

“探探”后 4 张截图和具体的功能列表对应，如图 2-13 所示。

图 2–13 探探的第 2、3 张截图

后面几张分别对应描述中列出的一些特色功能，如“【无骚扰】配对才能聊天，不可能被不喜欢的人骚扰”“【安全】不会泄露心意，Ta 不知道你的选择，除非 Ta 也喜欢你”。

2. 游戏类 App

对于游戏来说，截图就相当于一个虚拟的封面，可以讲述游戏背后的故事或者概括出游戏的主要功能及特征。

第 1 张截图应该能展示游戏的类型，如是塔防类，还是角色扮演类，选择用最好的场景、图像以及游戏中最精彩的时刻。以《天下》为例，其第 1 张截图如图 2-14 所示。

这个图其实是两张截图拼接起来的，这种方式在游戏截图中比较常用。这张图就对应了介绍中最核心特色“真 3D 极致画面，无缝大世界！3D MMORPG 手游”，而且一看就知道这是一款角色扮演游戏。

而后 4 张截图也是对应游戏最具特色的部分，如图 2-15 所示。

图 2–14　《天下》的第 1 张截图

图 2–15　《天下》的后 4 张截图

其分别对应介绍中的特色“大世界”“全景别”。当然，游戏截图的功能，这并不是说你必须把游戏的最后一关截图给玩家看，要点就是要告诉玩家你的游戏可以提供什么体验。

2.4.2　截图处理

如果是原始的截图，不加修饰，效果就如同发朋圈不修图一样，因此，大部分 App 的截图都会对原始的图片进行修饰，这也是苹果允许的。

最常见的是，很多 App Store 里的应用或者游戏截图都增加了文字，如果截图本身不能够完美传达你想要的信息，那么就需要考虑增加文本。截图文字一般可以考虑如下功能：强调应用特色、解释操作、强调深度等。截图中的文本或者标题一定要帮助用户对功能或者玩法更加了解。

“简洁”是截图说明文字的最主要原则。在截图中，你不需要增加很多的文字，一般来说，一句话甚至两三个字就足够了。

“清晰”是截图文字的第二个要点。直接把文字放在截图上，要确保文本和图片形成色差，这样方便玩家阅读。而当图片和文字说明的颜色对比度不足时，很可能会让用户不想继续阅读。两个截图文字的例子如图 2-16 所示。其中，左侧截图第 2 行中小字不是太清晰，而右侧截图中文字颜色对比则非常清晰。

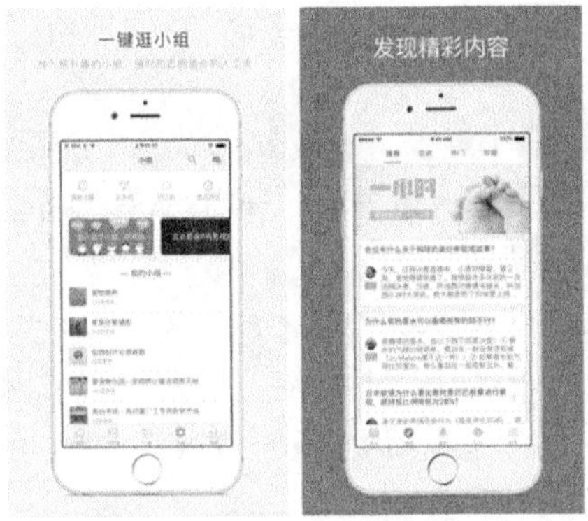

图 2-16 两个截图加文字的例子

在具体制作时，如果要增加文本，最好是把截图放在一个背景图片上用图形编辑软件进行编辑，Photoshop 是最常使用的。如果要求不高，“美图秀秀”就足够了。苹果对于游戏截图的要求是必须为 JPEG 或者 PNG 类型、72dpi、RGB 格式，而且不能设置透明度。如果只想上传一套截图，可以使用 5.5 英寸（1242×2208）的背景图。

应用截图除了可以加文字外，也可以进行更多的修饰美化，但要做到不浮夸、不虚构。应用截图还是应以展示 App 真实信息为主。像国内一些游戏类 App，只使用 CG 动画作为截图，而没有游戏内的真实截图，这样只会坏了自己的口碑。

截图做好后，有必要预览截屏图片，因为截图单独看起来可能很不错，但真正放到 iPhone 或者 iPad 设备的时候可能并不好看，必须确保截图在真正用到的时候达到很好的效果。

2.5 App 预览视频制作基本流程

在 WWDC 2014 大会上，苹果为开发者提供了一项新特性——AppPreviews（应用预览视频）。它能够让用户在下载和购买应用之前有一个详细的心理预期和使用体验，帮助用户更好地理解应用并带来更多的下载。

但我们也发现，除了部分热门游戏外，大部分应用类 App 都没有预览视频，这主要是和成本有关。现在市面上有不少视频制作公司，但一条视频少则要几万元，如果做 CG，肯定要 10 万元以上了。对于大部分 App 团队而言，视频制作费用还是相对较高的。

如果能用很低的成本做个简单的录屏视频，也是非常值得的，毕竟视频的感染力远好于几张截图。下面就根据苹果的建议和一些 CP 的经验，给出一个简单可行的 App 视频制作流程，让大部分运营人员都可以自行制作预览视频。

1. 苹果规则

详细规则见 https://developer.apple.com/app-store/app-previews/

苹果对预览视频的大致要求如下。

- 视频长度在 15~30 秒，最大 500MB，格式为 M4V、MP4、MOV，通过 H.264 MPEG 或 ProRess 422（HQ）压缩。
- 需要适应多个屏幕，可以只上传最大分辨率的一个视频。如可以只制作 5.5 寸 iPhone 的 1920×1080（横向），1080×1920（纵向）和 iPad1200×900（横向），900×1200（纵向）的两套视频。
- 以真实 App 的录屏为主，建议展示最核心的 3~5 个特性。
- 可以进行一些剪辑处理，如加上文字介绍、配乐、过场动效。
- 需要视频预览帧 1 张，必须是视频中截取的 1 帧。

2. 片段选择

预览视频相当于做一个迷你剧，首先需要规划出视频的场景。因为最多只有 30 秒的时间，因此建议选择 3 个场景，展示 3 个最核心的功能特色，每个 10 秒左右。我们以自己的“App 运营助手”为例，选择的 3 个场景如下所示。

- 展示 App 整体功能，关键词榜单。时长 3 秒，如图 2-17 所示。
- 展示 App 内容页及关键词管理、关键词监控页。时长 10 秒，如图 2-18 所示。
- 展示用户画像功能。时长 3 秒，如图 2-19 所示。

图 2-17　预览视频场景 1

图 2-18　预览视频场景 2

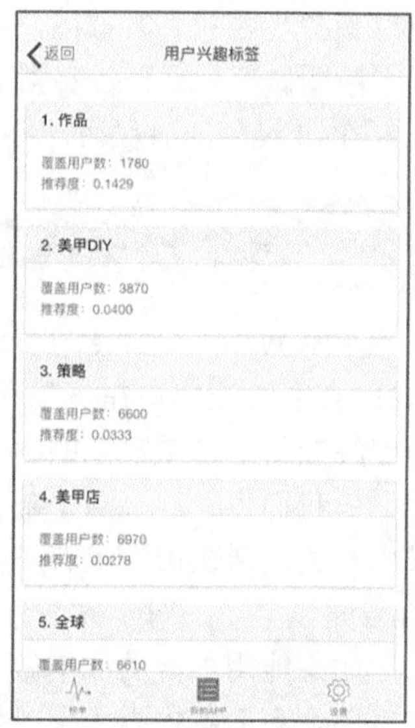

图 2-19　预览视频场景 3

有了“剧本”规划，做视频就心中有数了。下面就讲具体的录制。

3. 视频录制

我们使用最常用的 Mac 下的 QuickTime Player 来录制手机视频。Mac 版本需要大于 OS X10.10。

4. 步骤

- □ 将手机通过 USB 连接到苹果电脑上，然后打开应用程序。
- □ Mac 上，打开 QuickTime Player 应用，单击顶部“文件”菜单下的“新建影片录制”选项，如图 2-20 所示。

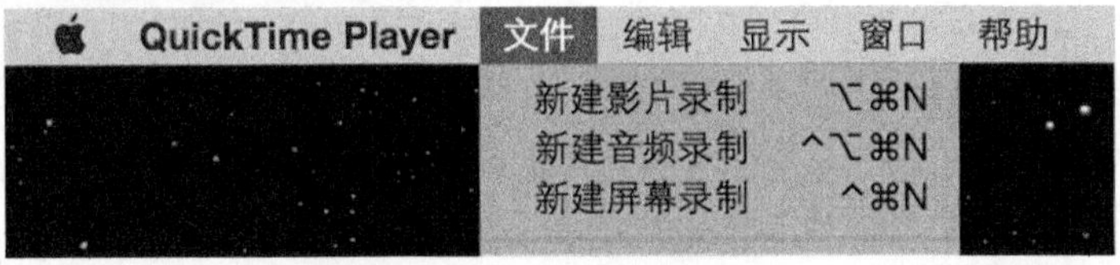

图 2-20 单击“新建影片录制”选项

- □ 单击屏幕录屏。将 QuickTime“相机”视频源从默认的 Mac 的 FaceTime 摄像头切换到手机，然后单击“录制”即可。QuickTime 将记录你的手机的所有操作，当完成后单击“停止”按钮并保存视频文件即可，视频文件格式为 mov 720P，如图 2-21 所示。

图 2-21 视频录制

- □ 录制时，可以同时播放背景音乐，声音放大一些，这样录制的视频也是带音乐的。一般要选择免版税的背景音乐，可以百度搜索“免费背景音乐下载”。

最好多录制几次，最后一次成型，这样就不用后续剪辑了。主要是要把控好时间，不要超过 30 秒。QuickTime 录制的视频大小为 404× 720，上传前需要转换视频分辨率，用“格式化工厂”“ffmepg”等软件处理一下即可，然后就可以在 iTunes 上提交上传了。

我们录制好的视频可以通过下述链接访问：

http://v.youku.com/v_show/id_ XMTY4NTM4NDcxNg==.html

如果需要进一步加工处理，如视频中加入文字、logo 等，可以使用 iMovie 等视频编辑系统，这个就不再详述了。需要注意的是，输出的视频分辨率大小应符合要求。

第3章　App 榜单优化

3.1 App 榜单排名算法

App 榜单指的是 App 在应用市场的排行榜。App Store 分为“免费榜”“付费榜”“畅销榜”3 个类型，按类别又可分为“总榜”与“天气”等 26 个主要分类榜单。每个榜单在 App Store 有 150 个展示位置，但大部分 ASO 工具都能抓取到 Top 1500 的榜单。App Store 中“儿童”类别比较特殊，在 iTunes 后台是无法填写的，应该是苹果根据 App 年龄设置自动生成的。

App Store 中，App 榜单带量的下载量为全部流量的 35%左右，虽然比不上搜索，但流量非常集中。排在头部的 App，享有很好的“品牌广告”收益，这就是很多 App 愿意花超过 10 万元做 App 榜单 Top 10 一日游的原因。

不管是冲榜单，还是真实上榜，了解 App Store 榜单制作方法都是至关重要的。因此，本节就讲解 App Store 的榜单排名算法。

1. 排名要素

按照苹果的榜单介绍，App Store 根据收入最高或下载最多的 App，分为“免费榜”“付费榜”“畅销榜”3 个榜单。“畅销榜”顾名思义，就是最近一段时间收入最高的 App。我们主要关注 App Store 免费榜单，根据苹果的说明，其核心要素为下载量，如图 3-1 所示。

图 3-1　App Store 榜单介绍说明

一直以来，App Store 的具体榜单排名算法都是机密。但业内人士多数认为，苹果的排名权重包括每日下载量、用户评价、每日使用情况等指标。一些文章猜测这个算法的结构应该如图 3-2 所示。

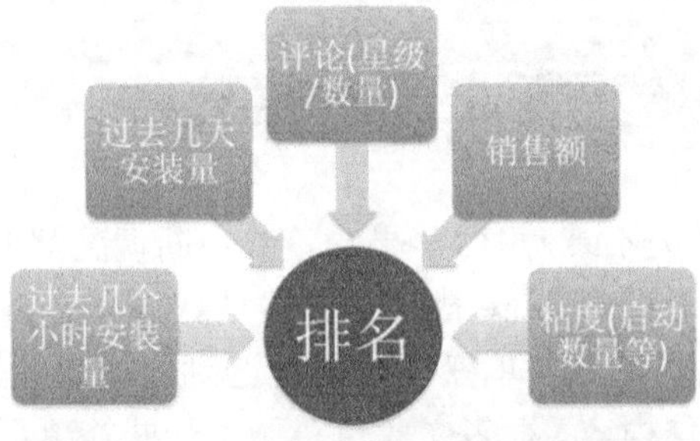

图 3-2　App Store 榜单排名算法考虑的要素

在图 3-2 中，以重要程度而言，影响 App Store 排序的要素从高到低依次如下。

- 安装量/下载量：一般认为，下载量会考虑长期的（如最近一周的），以及短期的（如最近几小时的）。
- 评论情况：即评论数，以及好评占总评论量的比例。
- 销售额：这个数据主要针对付费 App 或者有内购的 App。
- 黏度：主要用于衡量用户的使用行为，包括用户对该 App 的使用时长、启动次数等。

此外，用户下载及好评用的 IP 地址，会影响 App 所在地区的排名。

2. 下载量计算

下载量永远都会是 App Store 算法的核心。想想 App Store 最容易得到的，最直观体现用户对 App 喜爱程度的因素是什么，就是下载量！App Store 几次算法更新后，下载量所占算法权重越来越低，但这个核心数据在算法中的比重仍是第一位的。

网上流传的 App Store 下载量计算公式如图 3-3 所示。

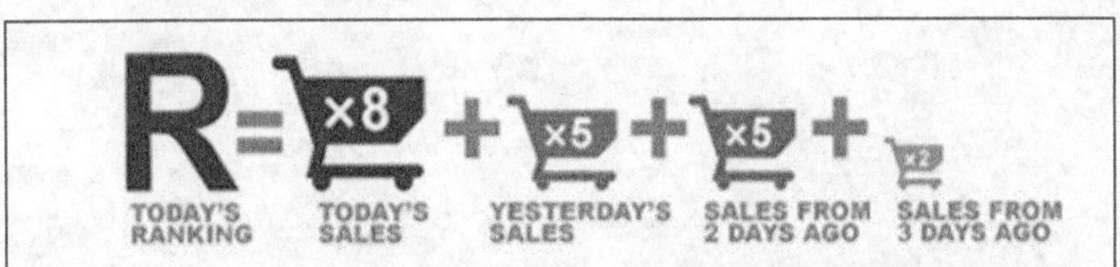

图 3-3　网上流传的 App Store 下载量计算公式

因为下载量是排名的最核心要素，如果只考虑下载量要素，则根据图 3-3：

当前 App 的榜单排名 = 今天的下载量×8+昨天的下载量×5+前天的下载量×5+大前天的下载量×2。

很明显，前 3 天的下载量是最重要的核心排名因素。每天的权重都不一样，当日的销售量/下载量是被加权至 8 倍、前 2 天则是 5 倍、前 3 天则是 2 倍，以此类推。

对 App Store 的榜单排名算法有了基本的了解后，对 App 为什么上榜，榜单为什么波动等问题就会心中有数。

3.2 App Store 榜单更新之大数据分析

App Store 的冲榜事业经久不衰，虽然苹果的策略不断调整，但经不住大家对榜单的热爱，各种冲榜手段层出不穷。由于 App Store 排行榜仍然是 App 最重要的流量来源，因此，即使做广点通之类的正规广告，也要看看榜单变化，希望达到放大的效果。对运营人员而言，把握 App 榜单更新规律显然是必修内容。很多文章也总结了一些榜单更新规律的经验性内容，这里我们就从实际的数据出发，分析相关的规律。

首先是数据来源方面，大家可以看到，目前包括 App Annie、APPBK 等分析产品都能提供 Top 1500 的榜单，但实际上，App Store 现在只有 Top 150 的数据，这些更多的榜单数据从哪里来的？

很多产品都声称自己是独家的 Top 1500，但各产品的数据并没什么差别，显然数据是来源于同一个地方。我们看一下 App Store 的历史就可以发现，在 2014 年 5 月之前，苹果手机展示 Top 300 榜单，而 iPad 是展示 Top 1500 榜单的，之后就变成了现在 Top 150 的形式。但为了兼容历史系统，这些 Top 1500 榜单的接口还依然有效，大部分分析系统都是使用这个接口来做 Top 1500 榜单的，如图 3-4 所示。当然，还有另外一个标准的数据源，就是苹果的 EPF（商业合作伙伴）数据源，这里面也有 Top 1500 榜单数据，如图 3-5 所示。

图 3-4　早期版本 iPad 版上的 Top 1500 榜单

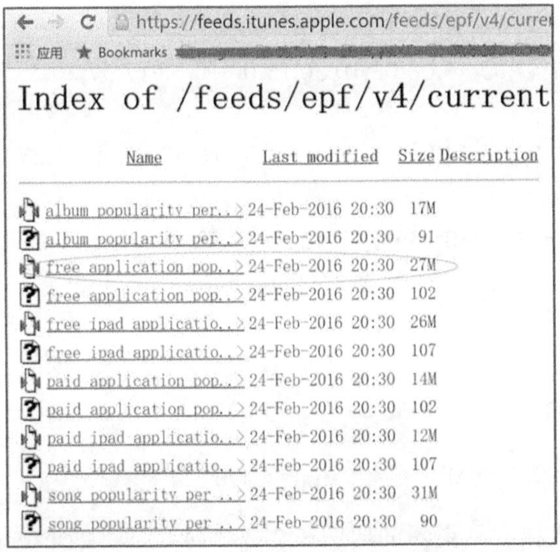

图 3-5 EPF(苹果商业合作伙伴)数据

我们使用 Top 1500 的榜单作为数据源，来研究榜单更新规律（Top 1500 和当前手机上的 Top 150 有细微的差别，前者不包含 App 合集）。榜单排名算法方面，目前公认的就是按照最近一段时间的下载量来排序，同时考虑了 DAU 等辅助要素，这里暂不做详述。我们主要看榜单的更新规律。

要想深入理解榜单更新，不妨想一想，如果让你来确定榜单什么时候更新，你该怎么做？或者说，作为一个用户，怎么更新我才用着最舒服？

首先，应该确定一个合适的更新周期。如果更新周期太短，比如几秒更新一次，用户刚看到一个 App，转眼就找不到了，会给用户带来使用上的困惑。而如果更新时间太长，比如一两天都没更新，大家就没有新鲜感了。

再者，就是更新的时间段了。像在每天凌晨四五点时，即使更新了也没多少用户浏览。而周末节假日，就应该更新得频繁些。

因此，选择合适的更新周期，在不同时段设置不同的更新策略，应该是 App 榜单更新的主要策略。我们就用数据来分析这些规律。

我们选择免费榜的总榜、游戏、新闻、动作游戏这几个典型的类别作为采样数据，3 分钟获取一次数据。总的数据量方面，4 个榜单，每个 1500 条数据，一次采集 6000 条数据。一小时采集 20 次，就是 12 万条数据，一天就有 288 万条数据，两周就是将近 4000 万条数据了。

这么多数据，人工显然是看不过来的，写几行代码，用机器总结下规律，这就是“大数据”分析了。然后如果能持续跟踪榜单情况，结合操作人员的经验自动给出刷榜方案，如量级、时间点等，并根据效果自动调整方案，这个就是“人工智能”了。

我们主要考虑一天内的榜单变化，统计榜单更新的时间点，如 2016 年 4 月 1 日到 4 月 3 日的总榜更新点如图 3-6 所示；画到一张图上，如图 3-7 所示。

4 月 1 日：

00:21,02:51,05:21,05:42,05:45,08:03,10:30,13:06,15:30,17:57,20:33,23:06

4 月 2 日：

01:39,04:00,04:03,06:00,06:24,08:51,11:33,14:09,16:42,19:00,21:27,23:51

4 月 3 日：

02:24,05:30,07:39,10:03,12:30,15:06,17:42,20:09,22:45

图 3-6　总榜更新点

图 3-7　原始更新时间点图（4 月 1 日）

从这些数据中，能大概看到更新的周期在 2~3 小时，但规律并不是特别明显。我们可以对数据进行一些简化处理，像 4 月 1 日“05:42,05:45”这两个更新点, 这么近的时间间隔很可能是榜单不稳定造成的，如不同 CDN 节点的更新就会造成这种情况， 我们把这些较近的时间点剔除掉。再者，像 17:57 这样的时间，也可以在苹果的更新过程中以半小时为基础单位，将这些时间点进行四舍五入。如 17:57 就变成 18:00,16:42 就变成 16:30。处理后的数据如图 3-8 所示；画到一张图上，如图 3-9 所示。

4 月 1 日：

00:30, 03:00, 05:30, 08:00,10:30,13:00,15:30,18:00,20:30,23:00

4 月 2 日：

01:30,04:00,06:30,09:00,11:30,14:00,16:30,19:00,21:30,00:00

4 月 3 日：

02:30,05:00,07:30,10:00,12:30,15:00,17:30,20:00,22:30

图 3-8　处理后的数据

图 3-9　简化处理后的更新时间点图（4 月 1 日）

这样看是不是就一目了然了？可以发现，榜单总体上是以 2.5 小时为周期进行更新的。每天的更新并不是都从 0 点开始，而是延续了前一天的更新时间点，这就造成每天更新时间点不一致的情况。我们查看了 4 月以来的数据，基本符合这个规律。

先前的规律，一般认为榜单都是以 3 小时为周期更新的，前后差别不过 10 分钟。但从 2015 年初开始，3 小时的周期就不是那么明显了，而我们的实测数据也表明苹果的更新周期正在加快，从 3 小时过渡到 2.5 小时。再者，在大的 2.5 小时更新周期内也有明显的榜单调整，这说明苹果很可能采用了动态周期策略。就是如果某些指标变化非常频繁，超过了预设值，相应的榜单更新周期也会缩短，以反映这些变化。一些实时性要求较高的，如微博榜单、新闻搜索等系统，也都采用了这种更新策略，这种动态周期一般很难找出固定的规律。

至于更大范围的规律，如节假日是否会更新得更频繁一些？这在我们的数据中并没有发现，可能需要后续累积更多的数据才能验证。

具体到其他 3 个类别的榜单，2.5 小时级的更新周期基本也是一致的。也就是说，苹果的各类别榜单是同时更新的，但小的调整时间并不一致。而 Top 1500 的榜单和 Top 150 榜单相比，大的更新周期也是一致的，但多了更多的小周期调整。这些和先前的规律基本是一致的。

从上面的分析中，我们也能得出一些基本冲榜策略。像冲榜时间选择，根据以往的经验，最近一个周期内的下载量，占排名权重的 40%，是最重要的排名要素。因此，如果能够准确地预测榜单更新时间点，就可以在一个周期开始之前的 2 个多小时开始冲榜，这样冲榜效果和曝光时长就会更优。此外，如果在一些广告系统上投放，也可以根据这个周期来定点投放，以达到榜单和广告互相增强的效果。

当然，由于动态周期的存在，确定最优冲榜策略会更麻烦，最近苹果的算法调整也非常频繁，我们会紧密跟踪榜单的规律，后续如果有新的变化，我们会随时分享相应的内容。为了方便大家使用，我们还将本文中的分析做成了“榜单更新监控”线上服务详见，http://www.appbk.com/，截图如图 3-10 所示。

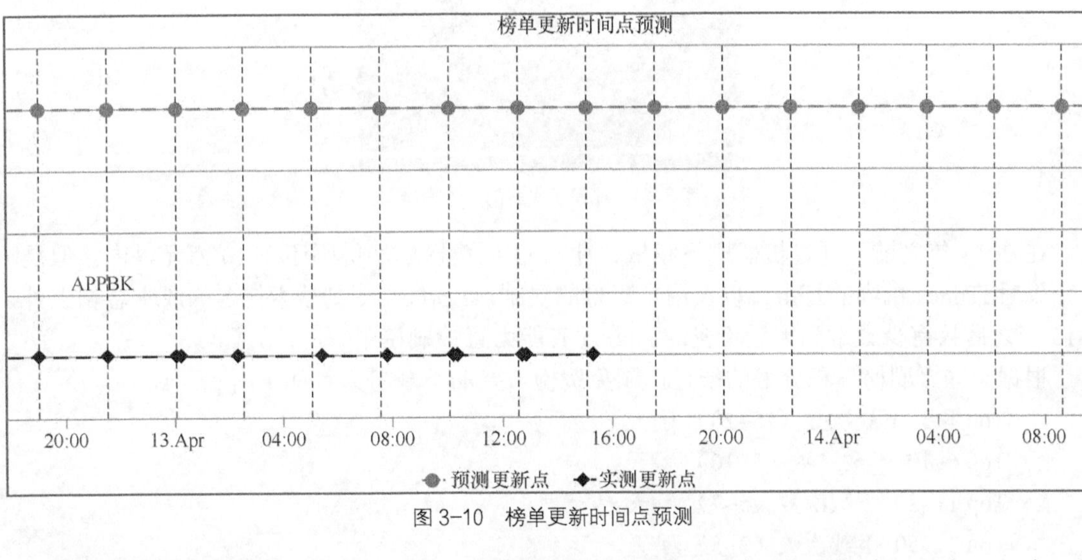

图 3-10　榜单更新时间点预测

图 3-10 中上部蓝色（浅色）的点，是我们预测的 2.5 小时周期更新点，下部（深色）的点，是我们实际获得的榜单更新时间点。可以看到，实际的更新点和我们预测的 2.5 小时周期更新点稍有差异，在预测点附近经常会有一些短周期的更新，有的点偏离在 0.5 小时以上。

3.3 App 榜单优化

知道了 App 搜索排名的基本算法，对如何提升 App 榜单排名，大家应该会有个基础的了解。简而言之，就是要提升影响搜索排名的几个关键要素。

3.3.1　下载提升

因为下载量是 App Store 榜单最核心的要素，因此增加下载量对排名的提升效果立竿见影。增加下载量最简单的方法就是“刷”……据统计，国内榜单上的 App，有超过一半都或多或少有“刷”的行为。一个刷榜工作室的工作情景如图 3-11 所示。

图 3-11　刷榜工作室的工作情景

在 2014 年之前，通过机器刷下载量、冲 App 免费榜单，价码还在 10 万元以内。但是随着苹果对 iTunes 机刷的打击，以及用户账号的限制，App Store 刷搜索排名的成本急剧上升，2015 年之后只有少数拿到大量投资的 App 才有能力直接刷榜单。

根据一些“刷榜”积分墙的统计，刷免费榜需要的下载量大致如下所示。

- Top 1~5 下载次数（15~20）万/天。
- Top 6~10 下载次数（5~10）万/天。
- Top 11~20 下载次数（5~7）万/天。
- Top 31~50 下载次数（2~5）万/天。

如游戏免费榜 Top 10 需要 10~20 万用户下载量，这么多的下载量，大部分需要直接从积分墙购买，部分从广告平台中获取，单用户成本 3~10 元，这样一天的冲榜成本就要 100 万元左右了。

3.3.2 评论提升

评论提升，有以下 3 种方法。

1. 引导用户评论

最常见的是打开 App 或者使用 App 中，进行弹窗引导用户写评论，但被用户无视的概率较大。要知道用户打开 App，第一件事不是来写评论的，唐突的出现必会打扰用户的使用感觉，但目前大部分 App 都使用的是这种方法。另外一种是关闭 App 时进行弹窗引导，转化率极低，好处是对用户体验影响较小。有两类用户会去写评论，第一类是使用很开心的用户，觉得有必要去评论分享一下自己开心的心情；第二类是使用非常不满意的用户，觉得有必要去评论区发泄一下自己的不满。因此，引导评论的时机也需要注意。

2. 换评论

换评论是一个苦力活，得先找 Q 群，如 App 推广群、CP 群、ASO 群……都可以的。加几十个到上百个的群后，每天就要群发信息找 App 换评论了。

3. 买评论

现在比较流行的是真人刷，即掏钱买评论，这样才有效果。现在单纯的软件机器刷，若被苹果发现，则后果比较严重，因为这是苹果的“高压线”。买评论最好与买下载量一起进行，效果更佳。一般而言，下载与评论的数量比例控制在 1:100 比较合适。如果下载量相对较少，每天买评论数 20 个左右为宜。

评论需要高质量，如何保证高质量呢？一般优化师都是自己原创写的，篇幅尽量长一些，字数以超过 20 个字为佳，最好把品牌词与关键词融入其中。而评语要体现真实性，最好能在评语中稍微介绍下 App 的功能或某个亮点，可以吸引潜在用户。具体也可以参考竞品的评论。

3.3.3 获得精品推荐

由于国内 App Store 榜单普遍存在“刷”的现象，不少用户已经不再信任榜单，而发现新 App 主要是通过人工编辑的“精品推荐”榜单。因此，运营人员可以在这方面多下工夫。苹果的官方说明如图 3-12 所示。

根据苹果的说明，其有不同的编辑团队，负责向用户推荐最新的 App，并且会区分 iPhone、iPad、Mac、Apple Watch 以及 Apple TV 等各个平台。被推荐的 App 有如下几类：优秀的新的 App、进行重大更新的现有 App、成功实施本土化的 App 以及与特定文化有关的 App。在推荐页面，编辑会将推荐的 App 整理为若干专题，这些专题会囊括不同的主题内容、兴趣爱好以及文化事件等元素。推荐首页可以向用户展示 App，各分类页面也有相关内容。

所有被推荐的 App 都有一个共性——能为苹果用户提供独特的价值。苹果会在所有的分类中，对那些新上线或刚更新的 App 进行筛选，将优质 App 展示给用户。这个过程不需要付费或其他手续，苹果的编辑会考核 App 能让用户喜欢的各种因素。

图 3-12　苹果精品推荐说明

- □ UI 设计：明了，有吸引力，美观。
- □ 使用体验：高效，实用。
- □ 创新：能解决用户的特定需求，运用了苹果的最新功能。
- □ 产品质量优秀且本土化出色。
- □ 产品使用流畅。
- □ 有精美的 App 详情页面。
- □ 有足够突出的特点。

对于游戏来说，苹果的编辑还会考虑以下因素。

- □ 玩法和参与度。
- □ 内容与情节。
- □ 游戏黏性。
- □ 画面。
- □ 控制。
- □ 音效。

如果开发者有想要被推荐的游戏，可以发送邮件到 appstorepromotion@apple.com。开发者在邮件里应该首先描述游戏的特点和为什么苹果应该推荐这些游戏，最好附上游戏的视频和开发者自己的宣传计划，苹果商店会有相关人员处理这些邮件。“有时这可能是一封中文的邮件，我们就会让懂中文的人去看。”据苹果负责人介绍，App Store 全球的团队目前已经覆盖了 180 个国家和地区，有大约 30 个国际团队，涵盖 60 多种不同的语言。

苹果推荐的 App 多为新 App 或刚刚更新过的 App，当 App 上线或更新过一段时间之后，再被推荐的概率就很小了。根据苹果的建议，如果你的游戏的公测日期已经确定了，完全可以先把游戏上架，然后提前至少 3 周联系 App Store 去申请推荐，这样在时间上配合是最完美的。

第4章　关键词优化

4.1 ASO 背后的搜索技术

ASO 工具基本是 App 运营人员的标配，目前有 Ann9、App Annie、SearchMan、SensorTower 等众多 ASO 工具，也有很多文章介绍这些工具的使用方法。这里就为大家讲讲 ASO 背后的搜索技术。

4.1.1　索引字段

索引字段，就是指苹果能够搜到的字段。由于苹果规定只索引“标题和关键词”，也就是说，只有在这两个地方的词才能被搜到，具体如图 4-1 所示。目前标题可做的文章已经非常少了，非常长的副标题一般会因为“和 App 包名称不一致”而直接被拒，因此，App Store 的 ASO 一般就是“如何填好 100 个字符的关键词（keywords）和若干副标题词，以得到最大的搜索曝光度”。

图 4-1　App Store 搜索索引的字段

4.1.2　选词标准

选词的标准基本也都是大家认可的，如下。

- 搜索热度高。

- □ 竞争程度低。
- □ 和 App 相关性高。

搜索热度是用户决定的，而竞争程度则是 App 质量和数量决定的。之所以存在用户搜得多，而关键词对应的 App 质量却一般的情况，是因为用户需求和 App 供给之间还存在差距，这也是 ASO 存在的基础。典型的，如傅盛谈到做 clean master 的原因之一，就是看到 Google Play 上面搜索 clean 这个词非常多，但好的系统清理 App 却寥寥无几。

关键词的“搜索热度”一般是通过苹果的 API 获取的，每个词对应一个 0~12000 的数值，如“微信”的“搜索热度”一般在 11000 左右，而大部分常用的词都在 5000 左右。根据常识，“微信”的搜索次数应该比一般的常用词高几十倍，这个数值显然不是那么“准确”。但熟悉统计的人都知道，关键词的搜索次数分布基本都是指数分布，而我们得到的“搜索热度”其实是归一化之后的结果。简单的理解，如“微信”的“搜索热度”是另外一个词的 2 倍，则可认为实际的搜索次数是其 10 的 2 次方，也就是 100 倍，具体见表 4-1。

表 4-1 “搜索热度”的例子

序号	关键词	搜索热度
1	微信	10743
2	微信 6.2	8779
3	微信电话本	7768
4	微信多账号	7337
5	微信 iPad 版	7245
6	微信表情	7201
7	微信运动	7001
8	微信抢红包软件	6976
9	微信 6.2 下载	6908
10	微信 iPad 版微信	6903

搜索的竞争度，一般根据搜索结果的前 35 个 App 的实力计算。这主要是因为，35 名之后的 App 很难再有曝光的机会。而 App 的实力一般是根据日均下载量计算的。由于 App Store 没有给出具体的下载量，这个数值一般是根据排行榜和评论数估算的。更简单地，根据经验，总评论数小于 500 的 App 可以认为 “竞争力一般”。如果一个热门关键词下 Top 35 的 App 大多评论量都较少，就可以认为这个关键词的“竞争度”较低，具体如图 4-2 所示。

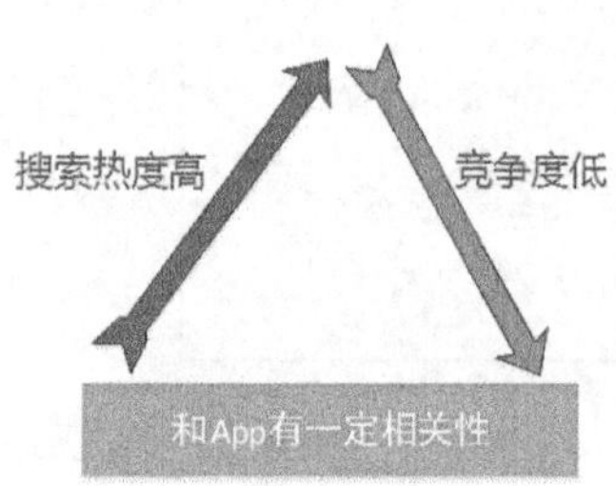

图 4-2 关键词选择一般原则

很多自动化的关键词推荐服务，会综合“搜索热度”和“竞争度”这两个指标给出一个“推荐度”指标。

最后，选的词要和 App 有相关性。相关性主要指关键词和 App 元数据相关程度，相关性越高，用户下载 App 的概率越大。在关键词审核时，相关性是审查人员人工判别，只要不是风马牛不相及就行。

4.1.3 效果评价

搜索引擎 SEO 的效果评价，主要就是“搜索曝光度”。ASO 的功效也是增加 App 在搜索结果页的“曝光度”。和 CPM（Cost Per Impressions）广告类似，只增加展示量。至于用户是否单击下载，这就存在一个转化率的问题，不同的 App 转化率差异非常大。根据国内外的一些报道统计，ASO 能带来下载量的增加一般都在 20%以内。至于靠 ASO 就增加 200%下载的宣传，只是非常特殊的个例。

“曝光度”由两个指标决定：词的搜索热度和 App 的搜索排名。如一个热门词能够命中我们的 App，而且我们 App 的排名也比较高，这样我们通过搜索得到的“曝光度”就会非常不错。国外很多 ASO 系统会将这两个指标综合起来，形成一个“search visibility（搜索曝光度）”指标。而 App 的“曝光度”就是所有关键词的“曝光度”总和。

4.1.4 搜索排序

上面主要介绍了关键词选择的一般原则和评价方法。在给出具体的选词方法之前，我们最好了解一下 App 搜索排序的一般原理。

搜索排序主要是对所有命中的 App 进行打分，然后从高到低排序。App 的搜索得分主要分为两部分。

首先是文本得分。就是用户的搜索词和标题及关键词的匹配情况。如关键词在你的 App 名称中命中得 1 分，在关键词命中会少很多，可以按 0.4 分计算。如果在 App 名称和关键词中同时命中，则一般只会计入名称中的得分。因此，在标题中出现的词是没必要在关键词中再重复的，同理，一个关键词写两遍也是没必要的。另外一个 ASO 相关的技术点就是文本命中的规则。如搜索“天天飞车”，搜索系统首先将其分词为“天天”和“飞车”两个词，然后进行“或”检索，就是你的关键词只要匹配其中一个词，就算命中；如你设置了关键词“飞车冒险”，如果用户搜索“天天飞车”，就会命中你的 App。基本的规则就是这样，但实际的情况会稍微复杂一些，如你输入“违章查询”，你的关键词必须包含“违章”才能命中，而包含“查询”这个词一般是没法命中的，因为“违章”这个词比“查询”重要得多。

再者就是数值得分，主要包括 App 下载量、评论情况、日活等具体的数值。目前，App Store 的最近 5 天日均下载量仍是排序最重要的要素，约占 70%的权重。

一个 App 最终的搜索得分，一般是其“文本得分”和“数值得分”相乘得到的，如图 4-3 所示。如果知道竞品的这些基本的要素，就能清楚自己的 App 和竞品究竟差在哪个地方，后续运营也能做到有的放矢。

4.1.5 分词

现代搜索引擎技术，都是以“词”为单位进行搜索的，如搜索“果”，是搜不到“如果”的。一个典型的分词例子如图 4-4 所示。

图 4-3　App 搜索排序得分

查询端分词
三星 ｜ 防刮 ｜ 手机 ｜ 贴膜
索引端分词
三 ｜ 三星 ｜ 星 ｜ 防刮 ｜ 手 ｜ 手机 ｜ 机 ｜ 贴 ｜ 贴膜 ｜ 膜

图 4-4　三星防刮手机贴膜的分词

需要注意的是，考虑到歧义问题，一个句子可能会有不同形式的分词，现代搜索引擎一般会进行记录多种分词形式。如三星这个词，会分成 “三星”和“三 ｜ 星”两种形式。系统使用的时候，一般会看具体的场景。如做推荐时，会使用粗粒度的分词；搜索结果较少时，使用细粒度的分词。

4.1.6　截断

搜索引擎一般都存在截断现象，如百度搜索“景区”可能有上亿的搜索结果数，但一般最多只会给出几十页的搜索结果。App Store 的搜索也存在这种现象，根据我们的观察，一个搜索词最多只给出约 2200 个的 App。

一些搜索结果截断的例子见表 4-2。

表 4-2　App Store 搜索结果截断的例子

搜索词	给出的 App 数	实际结果数
微信	2146	9436
陌陌	2154	2685
王者荣耀	951	974
征途	992	1022
手游	2109	3749

4.1.7　关键词覆盖数

App Store 只能填写 100 个字符，大约 20 个关键词，但可覆盖的搜索词则从几百到上万不等，原因何在？下面就为你揭开搜索词覆盖的奥秘。

为了避免混淆，我们这里说的“关键词（keyword）”，是指你在 iTunes 填写的 100 个字符的词。而词的覆盖，则是指覆盖用户的“搜索词（query）”。

搜索词覆盖数是目前 ASO 最重要的指标，而优化的关键就是要看哪些“关键词”覆盖的“搜索词”更多。由于苹果的关键词匹配规则较为复杂，人工很难总结出规律。

我们从搜索词匹配的基本原理讲起。搜索匹配大致可以分为两种：一种是完全匹配，另一种是部分匹配。

完全匹配，即“搜索词”全部由你的“关键词”组成。例如关键词是“文章营销运营”，搜索词是“文章”或者“文章营销”，都能匹配你的关键词。如果搜索词的顺序有变化，如“营销文章”，或者有间隔的，如“文章运营”，这样的搜索词也能匹配“文章营销运营”。具体如图 4-5 所示。

第二种是部分匹配，即搜索词的“一部分”是由你的关键词组成的。以“微信营销”这个关键词为例，如用户输入的搜索词是“广告营销”，其中只有“营销”属于你的关键词，而“广告”并不在你的关键词之列。但苹果搜索系统会认为“微信营销”和“广告营销”这两个词中，“营销”是“核心词”，比较重要，只要这一个词匹配，就算匹配，这就是部分匹配。但并不是随便一个包含“营销”的检索词，都能部分匹配关键词“微信营销”，像“超客营销”这个词，就是不能匹配的例子。具体如图 4-6 所示。

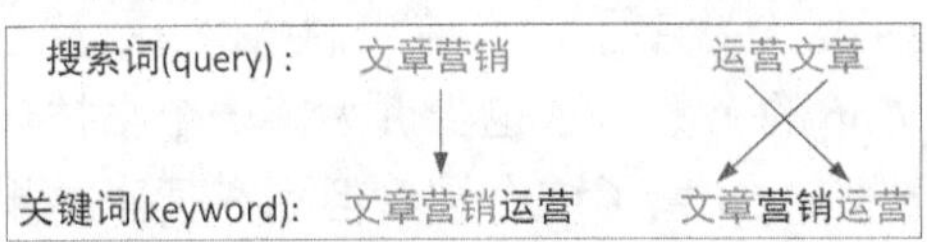

图 4-5　完全匹配

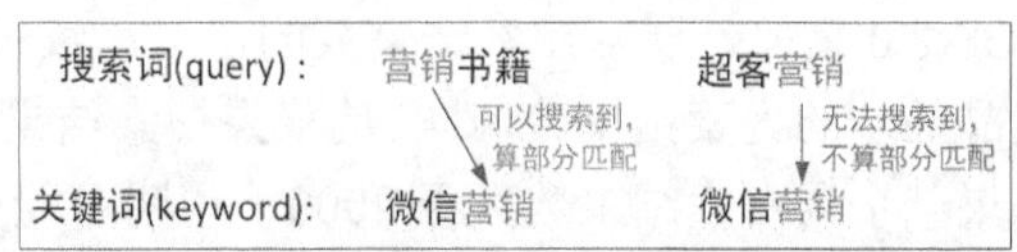

图 4-6　部分匹配

图 4-6 左边和右边的例子中，搜索词和关键词都有一个共同的词“营销”；但左边的例子中“营销”是核心词，是部分匹配。也就是说，如果你的 App 填写了“微信营销”，用户搜索“营销书籍”的时候，可以搜到你的 App。而右边的例子，“营销”在搜索词中并不是核心词，你的 App 写了“微信营销”这个词，用户搜索“超客营销”时，是搜不到你的 App 的，因此就不能算作部分匹配。

为什么会有“部分匹配”这种规则呢？主要原因还是 App 不够多。例如，用户搜索了“营销书籍”这个词，而同时填了“营销”“书籍”这两个词的 App，也就是能“完全匹配”的 App，可能只有几个，甚至没有。在这种情况下，搜索系统会把一些只写了“营销”这个词的 App 也拉出来，这样的用户体验也会稍好一些。当然，如果用户搜索“超客营销”这个词，明显就是找一个具体的 App 的，如果还是把包含“营销”的 App 都拉出来，用户就会觉得搜索结果不准，这种情况下搜索系统就不会进行“部分匹配”。

按照上面两种匹配规则，可以根据 App 填写的关键词 “预测”可能覆盖的“搜索词”。我们以一个实际的 App 为例，来讲这个预测方法。

App 名称：App 运营助手——基于大数据的 App 营销运营工具。

App 关键词：App 运营、App 市场优化、营销运营、应用雷达、App Annie 类产品、Appduu、ASO、社区运营、用户画像、App 统计分析、App 竞品、应用宝库、广点通、粉丝通、微博运营、微信运营、微信营销。

“完全匹配”比较简单，像“App 市场优化”这个关键词，其可以分为“App”“市场”“优化”3 个词，其任意顺序的组合都可以组成“完全匹配”的搜索词。像“优化 App”这样的组合是没意义的，热度为 0，但这个词确实能搜到该 App。

“完全匹配”另外一个有意思的现象就是匹配是可以跨关键词的。也就是说，从“App 运营”和“App 市场优化”两个独立的关键词中任意抽取两个词，如“运营”和“优化”组成“运营优化”，也可以构成一个完全匹配的搜索词。而任意抽取 3 个词，也能搜到这个 App。这个 App 的关键词，分词后大概总共 30 个词，其中任意两个词进行组合，就能构成 30×30=900 个“完全匹配”的检索词；而任意 3 个的组合，就能构成 30×29×28=24360 个检索词。当然这种随便组合的词，大部分没有实际意义，热度基本都是 0。但如果你非常需要一个覆盖数来完成 KPI 之类的事情，在关键词/ASO 页面添加一些这样的词就行了。

另外一点需要注意的是，词的匹配是与 App 本身的下载量有关的。像“微信”这个词也算这个 App“完全匹配”的搜索词，但搜索“微信”是搜不到这个 App 的。大家也能猜到原因，就是写“微信”这个词的 App 太多了，根本轮不到这个 App。我们从苹果的搜索接口中也可以看到，“微信”的搜索结果数超过 9000 个，但实际结果列表只给出了 2000 个左右的 App（iOS 8.0 之前是展示搜索结果数的，但后续版本不展示这个数字了。目前我们 APPBK 及一些竞品显示的搜索结果数，其实是苹果搜索结果列表中 App 的个数）。这也告诉大家一个小技巧，如果一个词搜索结果数大于 2000，说明可能已经有一些 App 填了这个词，但不在搜索结果中了。这样的词明显竞争度较高，一些下载量较少的 App 暂时就不要考虑这些词了。

我们大致测算了一下，关键词的“完全匹配”一般只能覆盖 200 个左右热度大于 0 的搜索词，但一般的 App 覆盖搜索词数（热度大于 0）都能到 2000 左右。也就是说，一个 App 覆盖的搜索词只有约 10%是“完全匹配”的，而其他 90%都是“部分匹配”。

因此，增加搜索词覆盖数的关键就在于“部分匹配”。但“部分”匹配的规则要复杂得多，举个例子：“营销书籍”和“超客营销”这两个搜索词都包含“营销”这个词，是 App 的关键词；而“书籍”和“超客”这两个词，并不在 App 的关键字中。这两个搜索词都可能构成“部分匹配”；而实际检验的结果是，“营销书籍”能够搜到这个 App，而“超客营销”并不能搜到。也就是说，只有“营销书籍”是 App 通过“部分匹配”覆盖的搜索词。这个结果可以这样解释，苹果认为“营销书籍”中“营销”是核心词，比“书籍”重要，因此只要匹配“营销”即可。而“超客营销”中，“超客”比“营销”更核心，因此关键词中必须包含“超客”才能匹配。

我们要找“营销”这个词“部分匹配”的搜索词，流程也大致如此。首先从词库中找到包含“营销”的词，见表 4-3。

表 4-3　　　　　　　　　　　　　　　**搜索词匹配结果**

搜索词	实际匹配结果
微信营销	完全匹配
营销助手	完全匹配
营销 qq	部分匹配
营销书籍	部分匹配
超客营销	不匹配
红圈营销	不匹配

然后看看“营销”这个词是不是这些候选搜索词的“核心词”即可。其中“微信营销”“营销助手”属于“完全匹配”的词，不需要考虑。主要是看其他的词中，“营销”是否是核心词。如果是，则这个候选搜索词就是 App 能够“部分匹配”的搜索词。

问题的关键在于，如何判定“核心词”？按照百度关键词广告的说法，“通过技术手段，自动分析出词的冗余成分，去掉这些冗余成分后使词的语义基本无转义，剩下的部分就是核心词”。苹果的判定规则应该也是类似的。

由于“核心词”的判断涉及一个词具体的含义，判定规则肯定会比较复杂。我们也不是苹果的内部人员，这些规则对我们而言就是一个“黑箱”，很难精准地知道苹果的规则。但我们看到，已经一些有经验运营能根据一些关键词例子总结出一些规律来。当然，“人”的问题在于，只能根据少数例子总结一些规律，很难全面准确；而如果例子较多，好比几万个匹配的词，估计就很难总结规律了。

因此，我们就采用了所谓的“机器学习”方法，就是给机器一些关键词匹配的实例，让机器来学习总结规律。“机器学习”中，例子越多，学习的规律越准确。大致的“学习”过程，就是告诉机器一些现有的核心词判定的结果，并告知这些结果和词的热度、词的相关性、App 的评论量、App 排名等有关系，这样“机器学习”算法就能自动总结出苹果的规则。我们利用“机器学习”得到的核心词判定规则，准确率大致为 85%，并且还在不断改进中，目前已基本可以满足 ASO 运营的需求。

根据“机器学习”得到的规则，我们开发了两项服务。一是搜索词覆盖数排行榜；二是搜索词覆盖查询。服务见 APPBK 网站头部导航“关键词覆盖排行”，具体如图 4-7 所示。

图 4-7　APPBK 的关键词覆盖排行

有了此服务，大部分 App 搜索词覆盖数应该都能轻松超过 3000，有一定下载量的 App 超过 5000 应该不是问题。

再者，搜索词覆盖数虽然简单，但并不十分科学。不同的词，热度不同，App 排序也不同，带来的效果显然也会不同，简单的“数量”很难衡量这些要素。国外的 ASO 服务一般都采用了“搜索曝光度”这样一个更科学的指标，来综合衡量这些要素。我们也会在后续的章节中介绍这类指标。

4.2 搜索更新规律

在前面内容中分析了 App Store 榜单更新的规律，由于冲榜单风险较大，而 ASO 冲排名还是相对安全的，下面就介绍搜索更新规律的相关内容。

4.2.1 基础数据

首先还是数据方面，我们根据关键词的热度（0~11000），均匀选取约 100 个关键词，然后每 5 分钟一次，采集对应的搜索结果。为了应对国内特色，我们还从几个大的 ASO 流量客户端收集了一些近期刷得比较多的词。部分典型的词见表 4-4。

表 4-4 部分典型的词

关键词	热度
陌陌	10393
百度外卖	9181
股票	8628
菜谱	7587
天气通	6307
黑岩	5677
汽车导购	4670
污染指数	4605
中国空气质量	1000
App 运营	0

我们使用最近两周的搜索结果，按天分析具体的更新情况。典型的搜索更新时间点分布，如图 4-8 所示（2016-05-07）。

横轴是更新时间点，纵轴是搜索结果的排名变化率，（排名变化率指多少位置上的 App 发生变化，如取 1~100 名，其中 30 个 App 都发生了变化，则变化率为 30%）。本图展示的是一个词的更新情况，测试数据中大部分词的更新时间点基本一致。

4.2.2 更新规律

我们发现，大部分日期的更新点分布与（2016-05-07）相同。根据这些数据，可以总结出以下几个规律。

- 不同关键词的搜索结果基本是在同一个时间点更新的。这一点和榜单的更新规律类似。
- 搜索结果更新周期为 6 小时，从每天凌晨 3 点开始计算。具体见图 4-8 中红色圈标记的时间点，这些点搜索结果的变化幅度一般较大。

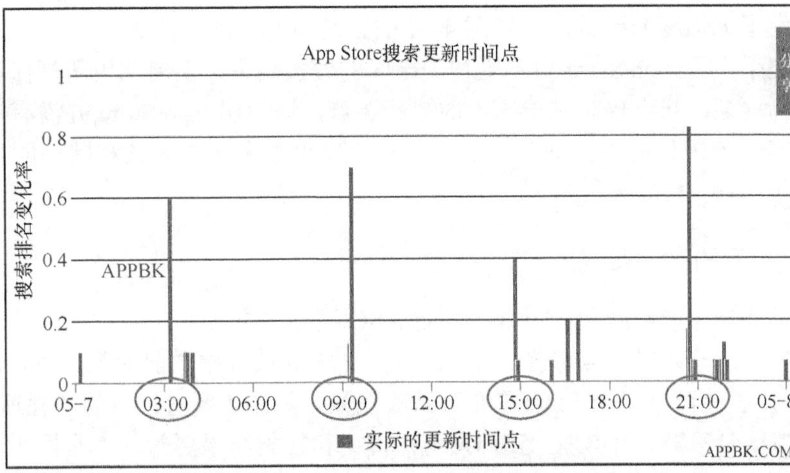

图 4-8　搜索结果更新时间点分布

- 在大的更新周期中存在一些短周期的更新，具体时间点不定，但多集中在大的更新时间点附近。在这些点上，搜索结果变化率一般都小于 10%。
- 热度较高的词、被刷的词，短周期更新明显更多。而一些热度较低的词，一天可能只在一个大周期点上更新一次。

我们也对比下前几天（2016-05-05），App Store 搜索结果大规模异常时，具体的更新情况如图 4-9 所示。

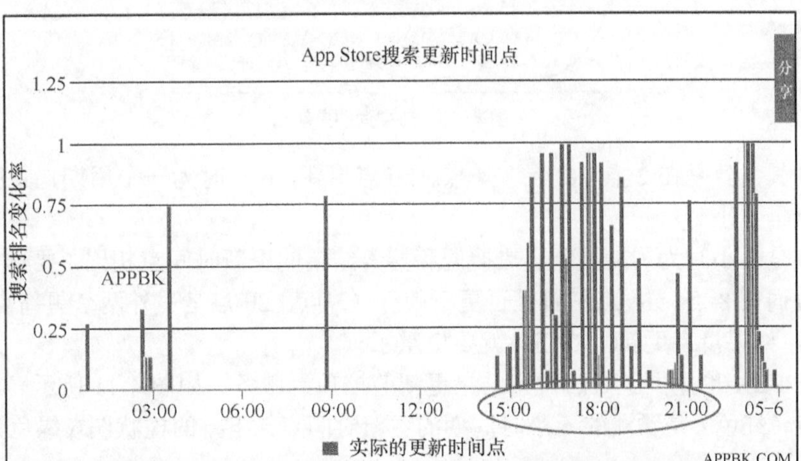

图 4-9　App Store 搜索异常时的更新时间点和对应的变化率

从图 4-9 中可以看到，发生异常的这一天从大约 15:45 开始到 23 点左右结束，期间在多个时间点都发生了大幅度的更新，其和图 4-10 的正常情况差别非常大。

我们同时还采集了 App Store 日本区和美国区的搜索结果，大周期更新规律和国内完全一致，以 6 小时为周期，起点也对应于国内的凌晨 3 点，这说明 App Store 并没有针对不同区域进行个性化更新。但国外的关键词、短周期更新明显少很多，这应该和国外刷搜索排名较少有关。

4.2.3　ASO 方案的时间要素

下面这些更新规律能帮助我们更好地制定 ASO 刷排名方案。

首先是冲排名的开始时间点选择。可以选在一个大周期开始之前的数小时，如下午的更新点为 15 点左右，因此可以选择 13 点左右开始放任务，具体还要看任务的消耗速度。

再者，是锁排名预警。简单地，我们发现热搜词和搜索结果更新基本是同步的。热搜词更新，如 5 月 10 日的截图，如图 4-10 所示。

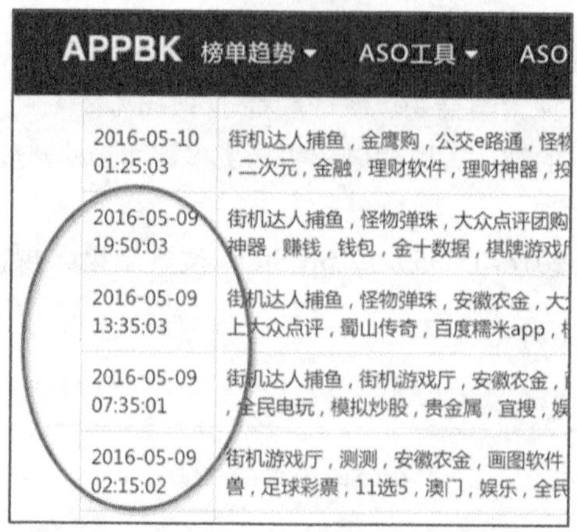

图 4-10　热搜词的更新

可以看到其大致是在 2 点、8 点、14 点、20 点更新，6 小时为一个周期，其更新时间点比搜索结果更新早 1 小时。

热搜词也是 6 小时为周期更新。热搜词和搜索结果的更新时间点相比，要早 1 小时。这样简单看看热搜词在 8 点、14 点左右是否更新就行（2 点、20 点是另外两个更新点，但放 ASO 任务的较少），如果没有更新，放任务就要慎重了。

再者，APPBK 也提供了专门搜索结果更新监控预测服务，如图 4-11 所示。

上方的点（红色）是预测的 6 小时周期的更新时间点，下方的柱状图（绿色）是实际的更新时间点。

4.2.4　ASO 之锁榜现象

这里我们记录了一次典型的 ASO 锁榜现象。从 2016 年 8 月 25 日开始，就有 CP 发现

App Store 搜索锁榜，直到 2016 年 8 月 29 日更新才开始逐步恢复正常。

APPBK 的“搜索更新预测”服务记录的过程如图 4-12~图 4-14 所示。

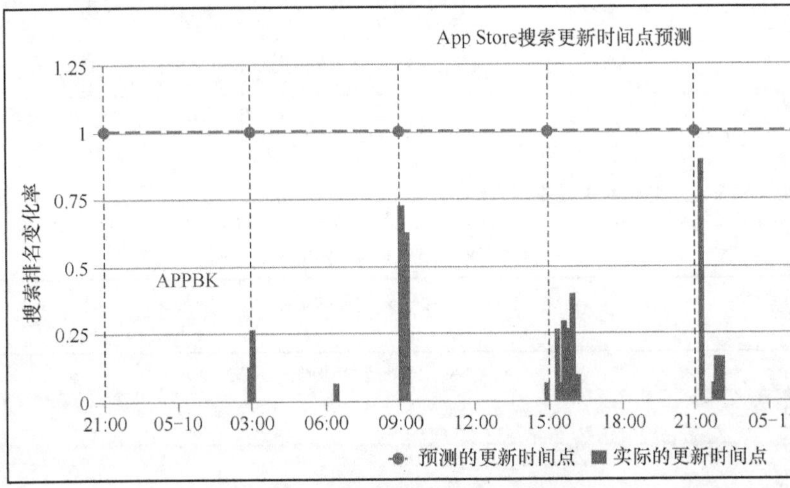

图 4-11　搜索更新时间点预测服务

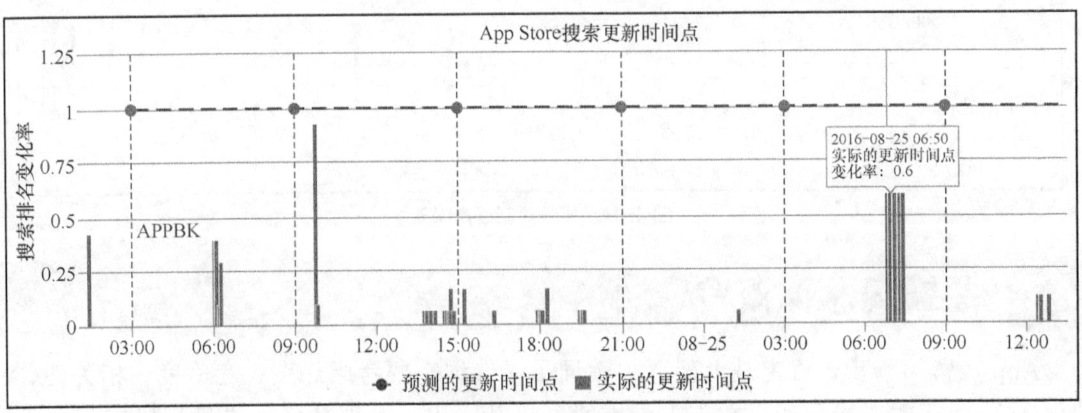

图 4-12　大规模更新

之前也曾多次发生过搜索锁榜的现象，但一般都是 24 小时左右，很少有超过 2 天的情况，目前大家猜测可能的情况如下。

- □ 搜索算法调整。
- □ 配合 iOS 10 发布。
- □ 打击刷榜。
- □ 配合搜索广告发布。

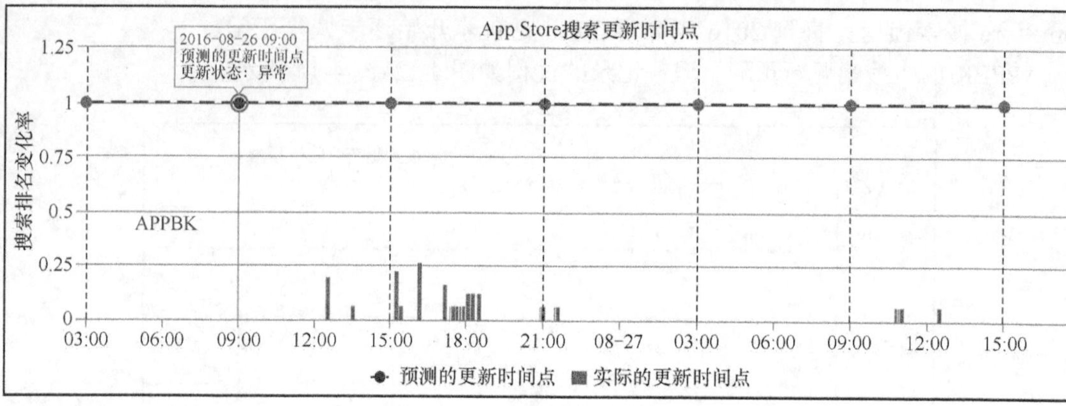

图 4-13　搜索无明显的更新

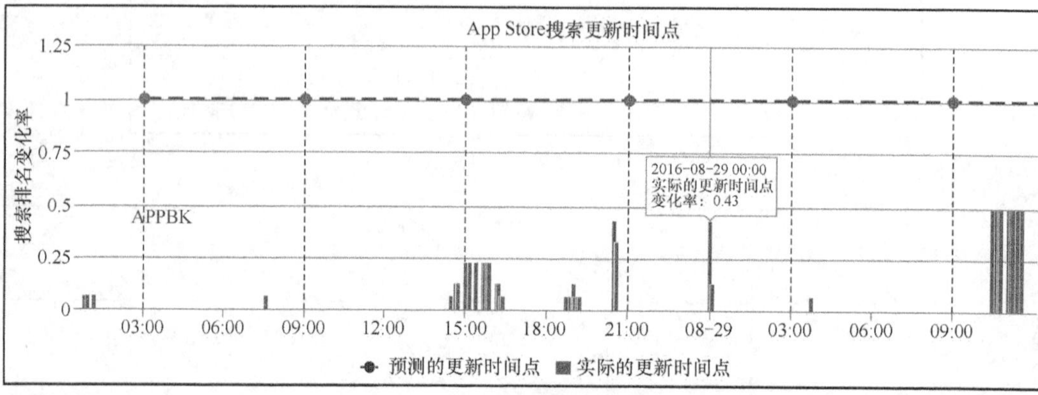

图 4-14　搜索更新逐步恢复

4.3 关键词总体概览

App 运营第一步，肯定是上架选关键词了。选词需要考虑热度、竞争度、相关性、品牌词/行业词的配比等。如果新手上来就研究这些，很可能就会陷入“只见树木，不见森林”的状况。而如果能对关键词有一个总体的认知，登高望远，再加以实战练习，一定能少走弯路，快速精进。

本节就对 App Store 的关键词进行整体分析。

4.3.1 关键词来源

APPBK 的关键词来源，有以下 5 种。

- App 的正标题。
- App 副标题和介绍中抽取的词。
- 安卓市场合作伙伴提供的搜索词。
- 百度广告平台等第三方的词。

□ 利用 App Store 的关键词提示接口，扩展的词。

其中利用第 1 种和第 5 种方法，多次迭代，基本能覆盖大部分热度较高的词，其他方法主要是扩展一些长尾词和行业词。

利用以上方法，我们总共获取了约 200 万的关键词，过滤掉那些长度过长、包含标点等基本不会有用户输入的，最终剩余约 75 万有效的关键词。我们和一些竞品进行了词的比对，发现热度较高的关键词差别都不是很大，来源应该也都类似。

4.3.2 热度分布

根据经验，热度小于 4605 的词，每天搜索次数小于 1，因此我们主要关注热度大于 4605 的词。这样的词共有 4.6 万个，按照热度分组，每个区间词的个数统计见表 4-5。

表 4-5　App Store 关键词热度区间分布（2016-06-06）

热度区间	关键词数
（4605，5000]	41884
（5000，6000]	3058
（6000，7000]	1067
（7000，8000]	432
（8000，9000]	166
（9000，10000]	52
（10000，12000）	10

根据一些实例数据，我们估计 5000 的热度对应的搜索量在几百的量级，最有价值的词热度都在 5000 以上，但这样的词只有 4000 多个，而中文 App 活跃的应该有三四万个，因此中国区的 ASO 竞争度是非常高的。对于新上线的 App 而言，可以优先关注 5000 以下的词。

词的热度分布中，热度大于 10000 的 10 个词见表 4-6。

表 4-6　Top 10 热度的 App Store 关键词（2016-06-06）

排名	关键词	热度
1	映客	10743
2	qq	10579
3	微信	10380
4	百度云	10365
5	陌陌	10352
6	爱奇艺	10293
7	王者荣耀	10158
8	优酷	10154
9	美团	10138
10	腾讯视频	10097

在 2017 年上半年，我们发现热度大于 4605 的词的数量并没有大的变化，都在 4.5 万左右。可能是因为 App Store 总体的搜索量已经趋于平稳，每个热度区间的词数分布也大致稳定。像热度大于 10000 的词虽偶有变化，但数量都是 10 个左右。

4.3.3　类别分布

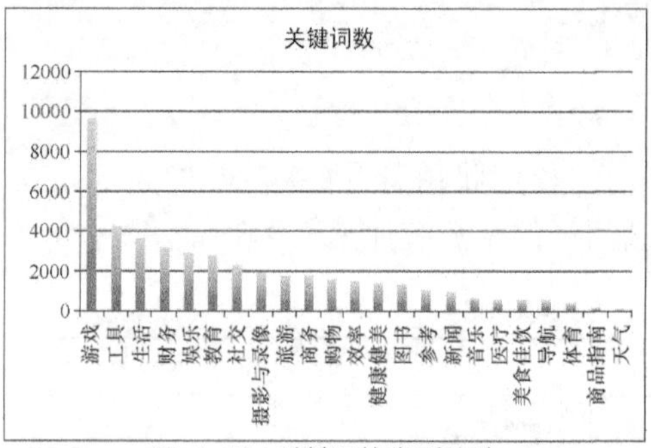

图 4-15　关键词按类别统计

关键词的类别，主要是看其搜索命中的第一个 App 的首要类别。我们对热度大于 4605 的关键词按照类别进行了统计，具体每个类别的关键词数如图 4-15 所示。

可以看到，游戏、工具等类别可选的词相对较多，是“天气”类的 App 可选的有效关键词也就 100 多个，选择范围太小，这种情况下只能选一些热度较低的长尾词。

4.3.4　类型分布

百度广告的关键词一般分为品牌词、产品词、通用词、人群词、竞品词。由于 App Store 关键词较少，我们就简单分为“品牌词”和“行业词”，现在很多分析文章中其实也是这样命名的。“品牌词”就是 App 的正标题，“行业词”就是除此之外的词，可以对应百度的通用词和人群词。

按照“正标题=品牌”的定义，热度大于 4605 的词中有约 3.9 万都是品牌词, 其他 7000 个可以认为是“行业词”，具体比例如图 4-16 所示。

品牌词虽多，但带量的效果并不如行业词好，因此在选词的时候，要综合考虑两者的比例，如果全部都填上热度高的品牌词，效果并不一定好。

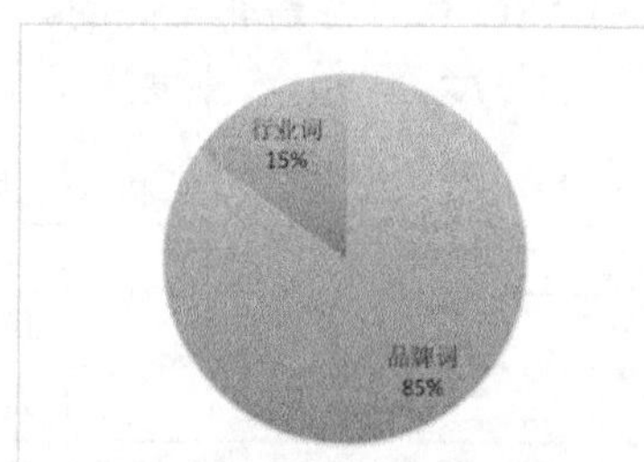

图 4-16　关键词按类型分布

我们也发现，像“找工作”“运动”“宠物”这样明显的行业词，都有人拿来做 App 的正标题。因此，我们考虑将“品牌词”限制为 Top1500 榜单中的 App 正标题，然后人工过滤掉一些明显的“行业词”，这样可以得到 1 万左右的“品牌词”。

此外，我们还将热度大于 4605 的约 4.6 万个词导出为一个 Excel 文件，标注了词的热度、搜索结果数、类别，方便大家使用，数据每天更新。后续将会逐步加入词的类型（品牌/行业）、词覆盖数等。文件可从这个永久地址下载：http://cdn.appbk.com/word/appbk_word.csv。

4.3.5　热度对应搜索量估计

苹果虽然给出了关键词的热度，但这是一个相对值，大家更关心的是关键词的“搜索量”

的具体值。这是 ASO 中最基础的数据，如果没有这个数据，ASO 就无从谈起。但目前 App Store 是不提供关键词搜索量的。目前 iTunes 的统计后台只有 App 展示数和 App 的下载/购买数，如图 4-17 所示。

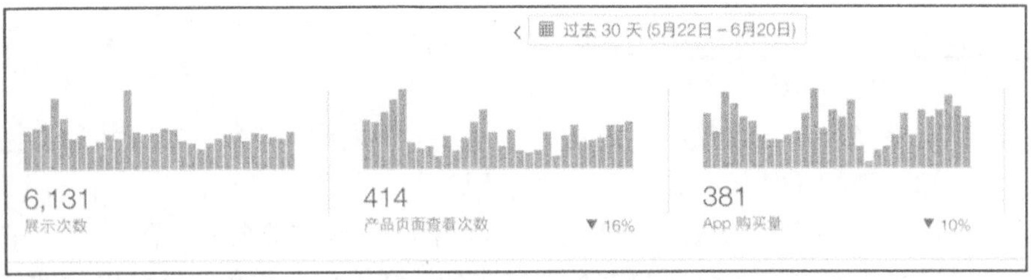

图 4–17　iTunes 统计后台

有文章分析说，iTunes 的统计后台后续可能会给出每个下载的 refer 来源，这样就有可能推断出搜索量。但目前只能通过和搜索量相关的一些数据进行估算。国外有文章总结出一些相关的数据源，数据准确度用 1 到 5 表示，1 为最不准确，5 表示最准确。

- Google trends：1。
- Google keyword planner tool：2。
- Google adwords keywords suggestion：2.5。
- App Store auto fill：4。
- ASO tools：3。

其中 Google trends 类似于百度指数。Google keyword/adwords 工具，类似于百度搜索广告后台，可以查到关键词的日均搜索量。而最准确的还是 App Store auto fill（搜索提示），这个数据源会给每个关键词赋一个 priority（权重）值，这个就是国内常说的搜索热度，值的区间为 0~11000。

但热度显然不是真正的搜索量，而是根据日均搜索量换算成的一个数值。利用搜索热度，结合一些具体的实例，基本就能完成选词工作。但如果需要做更细致的分析，例如看一个词能具体带来多少下载量，仅凭热度是无法做到的，这就需要我们获取真实的搜索量数据。

下面就大致讲一下，APPBK 是如何找到搜索热度值和搜索量之间对应关系的：

4605 = 每天搜索 1 次

齐普夫定律（Zipf's law）是词频统计的一般规律。其大致意思是，大规模的搜索日志等文本中有约 50%的词只会出现 1 次。这个定律描述的是人类语言的一般规律，不管是中文，还是英语等，都符合这个规律。当然，50%这个数值对应比较正规的文本数据。一般而言，出现 1 次的词占所有词的比例可能在 20%~70%，但一定是比例最大的。

由于搜索热度值与搜索次数是一一对应的，那么如果有个热度值对应的词数占全部词数的比例最大，那么这个热度对应的搜索次数就是 1。

根据实际经验，每天有搜索的词，热度值至少应该大于 100。因为热度值小于 100 的词，基本都是一些没有任何评论的 App 名称，或者一些非常长的词。根据对所有搜索词热度值的统计，热度值大于 100 的关键词约有 21 万。其中热度值为 4605 的词最多，有 5.8 万个，比例约为 28%；而占比第二的是热度值为 4606 的词，只有 9000 个，占 4%。4605 热度值的词远超过其他热度对应的词个数，因此可以认为 4605 热度值对应搜索次数为 1。当然，28%这个数据也表明 App Store 的长尾词比例比其他平台要多一些。

4.3.6　根据下载量估计搜索量

在苹果的统计系统中，核心数据主要就是 App 内容页展示量和真实下载量。由于展示量来源没有给出，这个数据价值较小，我们主要使用下载量数据。

大致就是 App 下载量是已知的，大概有 65%的下载是搜索带来的，而一个 App 的下载量大部分都是由其热度最高、排名第一的这个词带来的。利用这个过程，就可以大致估算这个热度最高的词对应的搜索量。

简单的例子，比如“App 运营助手”这个应用，一天的下载量为 1000，而覆盖的搜索词中“运营助手”热度为 6000，这个 App 排名第一，其他搜索词热度都很低。估算流程大致如下。

- 1000 个下载中，600 个下载是搜索带来的。
- 600 个搜索下载，需要 1200 个搜索量。也就是说，搜索/下载转化率为 50%。
- 1200 个搜索量都来自“运营助手”这个词，其热度为 6000。
- 得出结论：6000 的热度对应 1200 的日均搜索量。

具体的假设会更细致一些，具体如下。

- App 的下载，有 50%~100%的下载来源于搜索，官方给出的数据是 65%。但考虑到大部分 App 是上不了 Top 150 榜单的，只能通过搜索来获得；而榜单上的 App，特别是头部的，来自榜单的下载比例显然会更大一些。
- 搜索到下载的转化率，按照 2:1~4:1 计算，就是 2~4 次搜索就能产生一次下载。这个比例来源于一些安卓市场的统计，因为 App Store 没有一手数据，暂时只能按照这个比例计算。其中行业词的转化率会低一些，品牌词会高一些。
- 搜索量都对应到 App 热度最高、排名第一的一个搜索词。如果有多个热度差不多的词，均分搜索量即可。

我们的下载量数据，主要来源于贵士移动的一些公开报告，并结合一些我们合作伙伴的数据。一些代表性数据见表 4-7。

表 4-7 中，如“CCTV5”等下载量数据，和我们估计的趋势不太一致，我们暂时不考虑这些数据。这些 App 可能是直接下载的量较大，搜索比例较少。而如“途牛旅游”这类 App，我们考虑的是“途牛”这个词，其热度为 8801，而不是“途牛旅游”，热度 7177。

根据上述假设，结合一些实际冲排名的经验。我们采用数据拟合的方法，得到热度值和搜索量的对应关系。一些典型的热度值对应的搜索量见表 4-8。

表 4-7 一些公开的日均下载量数据

App 名称	搜索热度	日均下载	日均搜索估计
酷 6 视频	4883	3519	暂不考虑
手机电视	5502	3739	7478
掌上如家	5964	4440	8880
易直播	5804	12718	暂不考虑
阿里旅行	5983	20000	暂不考虑
央视影音	6505	14724	暂不考虑
航班管家	6400	11884	暂不考虑
CCTV5	6499	10137	15205
风行视频	6580	11321	16981
暴风魔镜	7131	73367	暂不考虑
逗拍	7277	7789	暂不考虑
艺龙旅行	7412	20884	暂不考虑
百度视频	7673	58267	暂不考虑
作业帮	8226	50284	50284
PPTV 聚力	8375	53233	53233
花椒直播	8713	14668	14668
途牛旅游	8801	42286	42286
携程旅游	9187	168221	168221
滴滴出行	9709	231352	231352
芒果 TV	9868	161602	161602
乐视视频	9358	170424	170424
优酷视频	10200	307889	277100
腾讯视频	10201	290698	261628
爱奇艺视频	10410	290800	261720

根据上述假设，结合一些实际冲排名的经验。我们采用数据拟合的方法，得到热度值和搜索量的对应关系。一些典型的热度值对应的搜索量见表 4-8。

如果用公式表示:rank 表示热度，qv 表示日均搜索量，则

4605<rank<5000 时，qv = rank – 4604；

rank>5000 时，qv =2.5×e^（0.001×rank）。

目前还在找一些 CP 来验证这个推断是否靠谱，有兴趣的读者，也可以给我们分享一些例子，共同完善这个推论。我们近期也会在 APPBK“关键词/ASO”页面中，展示每个词带来的搜索量估计。

表 4-8　关键热度值与搜索量的对应关系

热度	搜索量
4605	1
5000	371
5500	611
6000	1008
6500	1662
7000	2741
7500	4520
8000	6452
8500	12286
9000	20257
9500	33399
10000	>100000

后续还有可能有一个数据来源，就是等到苹果搜索广告上线，也可能给出一些搜索词的真实搜索量，我们也会第一时间抓取相关的数据。

4.3.7　关键词热度分布变化

关键词热度分布是不断变化的。从 2016 年 7 月中旬开始，就有很多 CP 和 ASOer 反映 App Store 很多关键词热度都在降低，而且至今没有回升的趋势。由于搜索热度是做 ASO 的最关键的要素，热度大规模的调整，势必对 ASO 的各个方面造成影响，因此大家都希望对此现象有个解释。我们对 APPBK 收录的相关数据进行了详细分析，希望为大家提供一些数据线索。

我们以一个典型的热门词“淘宝”为例，热度趋势图如图 4-18 所示。

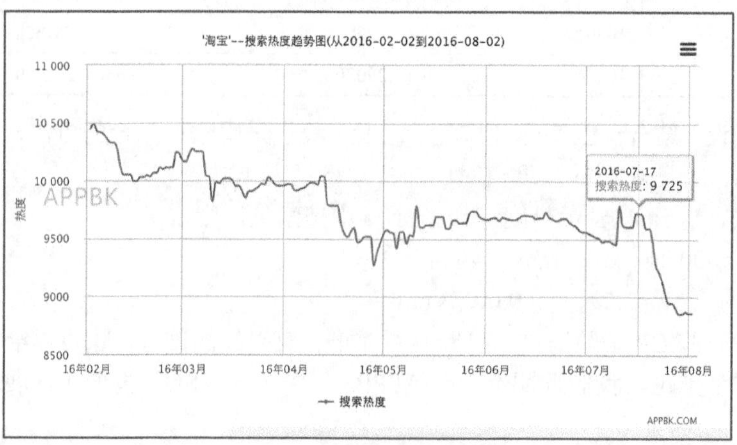

图 4-18　关键词“淘宝”的搜索热度趋势图

大量高热度的关键词，热度趋势图和“淘宝”差不多，2016 年 7 月之前的半年多热度并无剧烈的变化，但从 7 月 16 日左右开始，在两周内突然从 9700 降到 8800 左右，按照我们之前的搜索量估计，其代表的搜索量至少降低了一半。

因为之前 App Store 热度大于 4605 的词数有 4 万多（根据经验，热度 4605 对应的日均搜索量为 1，热度大于或等于 4605 的词，才有价值），大家反馈的例子其实也几十个，那么搜索热度下降，是否只是个例现象？

为了解答这个问题，我们首先对热度大于 4605 词的个数进行了统计，从 2016 年 7 月 1 日到 8 月 1 日这些词的数量变化趋势图如图 4-19 所示。

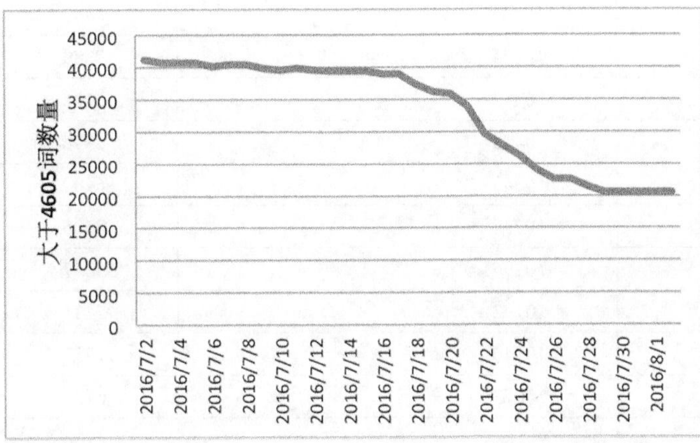

图 4-19　2016 年 7 月 1 日到 8 月 1 日热度大于 4605 的关键词数量变化

可以看到，热度大于 4605 的词的数量从 4 万左右快速下降到了 2.3 万左右，这从侧面说明搜索词热度下降是整体趋势。7 月 1 日和 8 月 1 日，关键词数按热度区间统计，具体对比见表 4-9。

表 4-9　　关键词数量分区统计（2016 年 7 月 1 日和 8 月 1 日）

热度区间	7 月 1 日词数	8 月 1 日词数
大于 10000	28	41
（9000,10000]	125	76
（8000,9000]	231	160
（7000,8000]	465	292
（6000,7000]	974	558
（5000,6000]	2758	1170
（4605,5000]	36578	18266
等于 4605	49542	49547

从表 4-9 可以看到，8 月初和一个月前相比，热度等于 4605 的词的数量变化不大，但 4605~10000 的词几乎少了一半，只有极少数 10000 以上的词有所增加。由于 4605 以上的词，

每个热度区间的词都少了一半，而热度又是反映搜索量的，我们就得到一个有意思的结论。那就是 App Store 的日均搜索量下降了一半。如果真是因为苹果清理了虚假的搜索量，那么之前 App Store 就是一半人在搜索，一半机器在搜索了。

再者，我们选取了 2016 年 7 月 1 日 4605 以上所有的关键词，逐一对比其在 8 月 1 日的热度。我们发现有约 96%的词的热度都降低了，只有约 4%的词的热度升高或持平。其中，热度降低最为明显的一些词见表 4-10。

表 4-10　热度降低最明显的一些关键词（2016 年 7~8 月）

关键词	7 月 1 日热度	8 月 1 日热度
彩票	10743	8442
理财	10625	7339
投资	10473	6108
理财产品	10405	6396
基金	10343	6400
机票	10237	7505
金融	10196	5857
竞彩	10192	7435
足彩	10146	7953
理财软件	10073	6709
赚钱	9948	6766
炒股	9889	6717
股票	9782	7445
酒店	9647	7296

根据上面的分析，我们可以确定 App Store 关键词热度降低是普遍现象，而非个例。然后就有了第二个问题，这次热度变化是自然下降，也就是说用户搜索量确实降低了？还是苹果清除了一些无效的搜索量？这个问题也大致可以根据统计数据来解决。

如果是自然下降，那么不仅搜索量会降低，对应的 App 下载量肯定也会降低。苹果并没有给出 App 的下载量，但因为 App 评论量和下载量呈正比例关系，因此，统计下最近一个月每天的评论量，也大致可以知道 App Store 中国区整体下载量的变化趋势图，具体如图 4-20 所示。

可以看到，2016 年 7 月 1 日至 8 月 1 日，App Store 的整体评论量并没有明显的降低。其变化趋势非常符合“暑期效应”，在 7 月初随着学生放假，整体量级明显上升，然后到 7 月底开始逐步回落。

再者，我们对比了部分美国区的数据，并没有发现国内这种明显的热度下降趋势。

因此结论就是，App Store 此次搜索词热度的大规模调整，很可能是热度计算中清理了一些无效的机器搜索量。但我们也发现，“一元夺宝”“炸金花”等词的热度在 7 月 16 日短暂降低后迅速回升到 10500 以上，具体如图 4-21 所示。

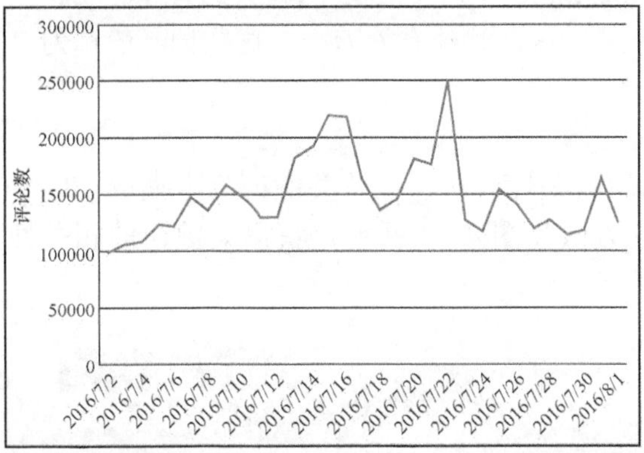

图 4-20　2016 年 7 月 1 日到 8 月 1 日，中国区评论量趋势图

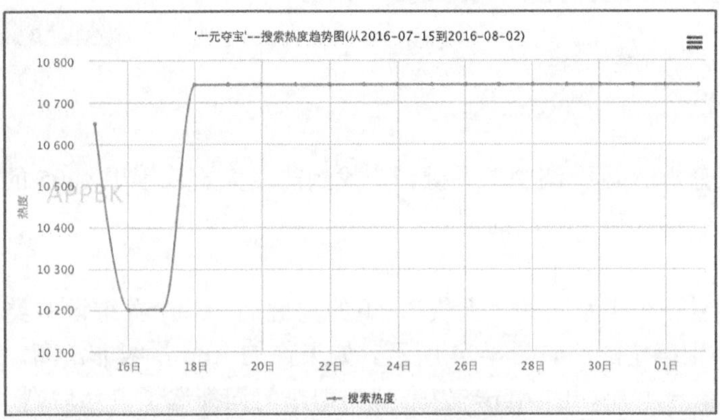

图 4-21　“一元夺宝”热度趋势图

对 ASO 行业而言，有效关键词少了很多似乎并不是什么好事，但有了更真实的搜索热度，就能更好地做 ASO 方案，评估 ASO 的效果。同样的道理，真实的搜索热度对搜索广告方案也是至关重要的，因此，此次热度调整也可能是苹果在为搜索广告做准备。

4.4　App 首发选词套路

4.4.1　选词整体流程

首先介绍下选词的一般流程。一般思路就是先“粗选”，后“细选”，逐步缩小选词范围。具体如图 4-22 所示。

1. 确定“有效关键词”

这一步主要是进行基础的热度过滤。因为 4605 热度的词，平均一天有一次搜索，选词的时候一般选大于或等于 4605 的词，至于其他热度更低的词，大部分都是关键词覆盖的长尾搜索词，不用刻意考虑。App Store 中大于 4605 的词大约有 4.6 万个（注：7 月中旬后，这个词数降到了不到 3 万），等于 4605 的词约有 6 万个，这些词一般称为“有效关键词”。

2. 粗选

这一步主要基于词的相关性，从“有效关键词”中抽取 100~200 个词。粗选过程一般也称为“拓词”，常用的方法如图 4-23 所示，获得关键词的相关性依次降低，但扩展性依次提高。

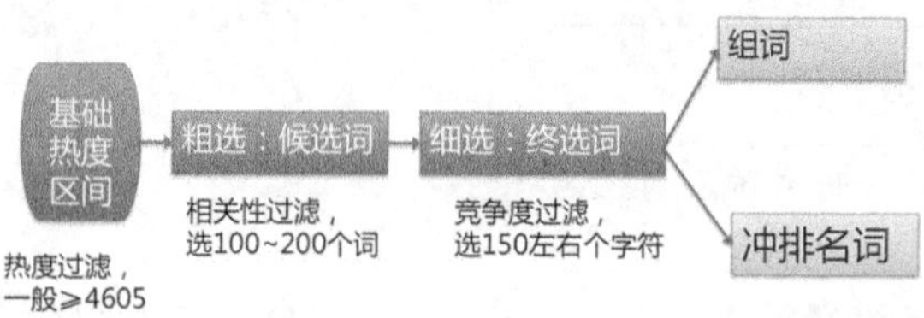

图 4-22　选词整体流程

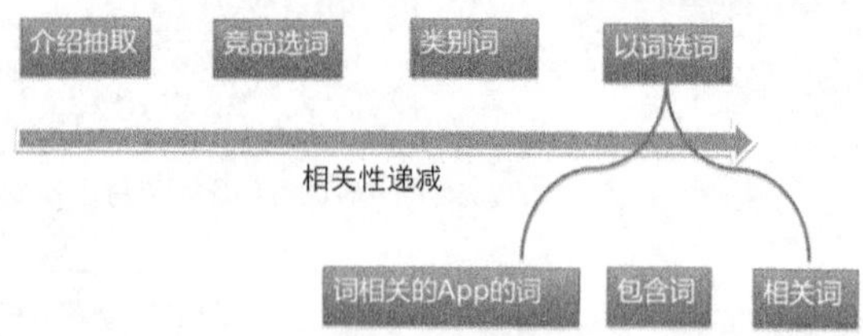

图 4-23　常用拓词方法

（1）介绍抽取

介绍抽取就是分析 App 介绍中的关键词，找到热度大于或等于 4605 的词，一般需要先对介绍进行分词，然后抽取热度较高的词。

（2）类别词

类别词就是看看一个类别（如“天气”）下的关键词。一个关键词的类别是由其搜索命中的第一个 App 主类别确定的，如图 4-24 所示。如果你的 App 量级非常高，那就只需选类别下最热门的词即可。有一些机刷的 App，也是把类别热门词都选了，然后刷一遍。

#	搜索词	搜索热度	搜索结果数
1	墨迹天气	6863	2126
2	天气	6669	2132
3	天气预报	6440	808
4	天气通	5384	2126
5	温度计	5216	163
6	weather	5204	2090
7	墨迹	5080	858
8	彩云天气	4951	2131

图 4-24　APPBK 中的类别热词

（3）竞品选词

竞品选词相对比较好理解，就是看竞品都使用了哪些关键词，如图 4-25 所示。

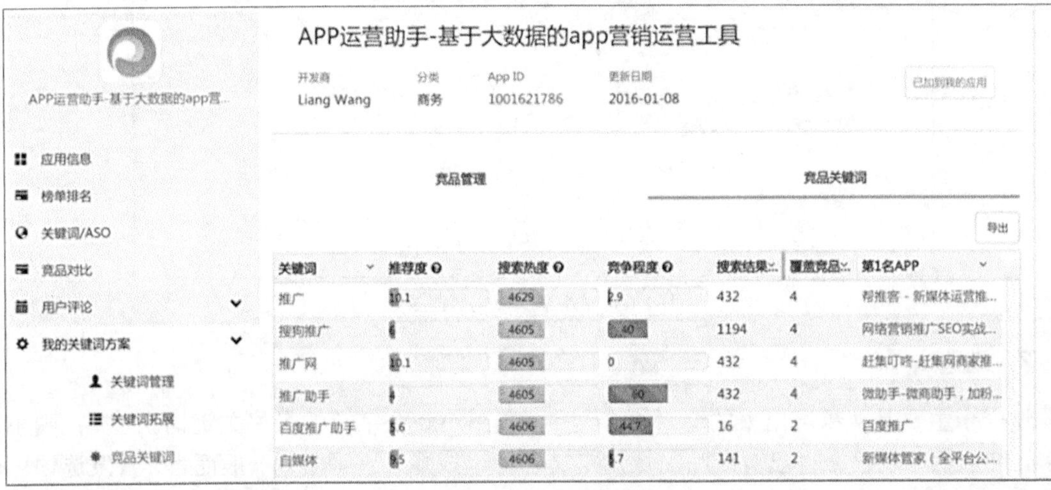

图 4-25　APPBK 中的竞品选词

（4）以词选词。

熟悉百度广告平台的用户可能都用过类似的工具。这类选词方法，一般就是先填写一批种子词，然后通过不同的方法进行扩展。常用的扩展方法有如下 3 类。

- 相关 App 使用的词。该方法是一种最常用的推荐方法，类似于在亚马逊买本书，就会给你推荐“购买此商品的顾客，也同时购买了***”。相关 App 使用的词，也是类似的道理，就是“使用了这些种子词的 App，也同时使用了关键词***”。具体原理如图 4-26 所示。

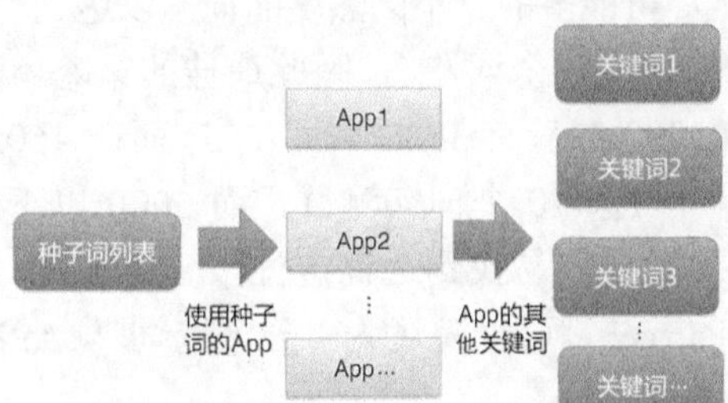

图 4-26　相关 App 使用的词

- 包含词。就是包含种子词的词，如种子词填写了“飞车”，通过这种方式就能扩展出“天天飞车”等词。
- 相关词。典型的如同义词，如“搬家”的同义词“乔迁”，具体如图 4-27 所示。还有一些更广泛的扩展，如“美女”可以扩展出“帅哥”，“语文”可以扩展出“数学”，这些词之间具有一定的关联关系。像苹果搜索广告中，就专门介绍了这种“相关词”扩展，如“photo filters”就能扩展出“picture editor”“light right”等词。

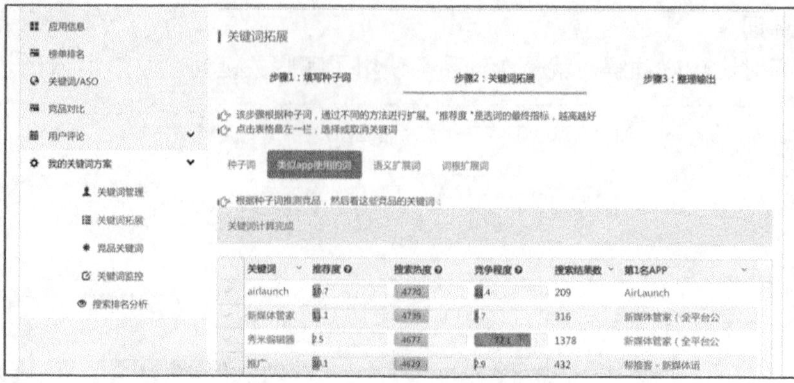

图 4-27 APPBK 的以词选词服务

3. 细选

这一步主要是从粗选出来的一二百个词中，选出 100 个字符的最终关键词。选择范围小了很多，细选就可以根据自己对产品的认知定义各特定规则来选词了。一般而言，首发选词可以根据热度区间来选词。更新选词，一般则需要预估一下新选词的排名，预测带量。

“粗选”对首发和更新选词来说，流程基本都是一致的，主要是“细选”策略有所不同。故下面主要介绍首发选词中的“细选”，更新选词会在后面讲解。

4.4.2 首发选词“细选”策略：分区选词

App 首发时，没有任何线上信息，因此选词的主要目标应该是测试 App 的选词定位。如果是冷门 App，最好选一些热度低的词，但如果是微信推荐的，那使用热门词即可。但上线之前，这些都是未知的，因此最好是试尽可能多的、不同热度的词，以达到“投石问路”的目的。

因为只能选 100 个字符，大致 30 个词左右，因此最佳的策略就是根据关键词的热度分布，分区间选词。例如，热度大于 5000 的只有 3000 个词左右，而在 4605~5000 就有约 4.3 万个词。因此，在选词时，5000 以上可以选 10 个词来测试，而 5000 以下则可以多选一些，选词个数尽量与热度分布一致，这样就能更容易找到选词定位。

这种根据热度分布选词的方法，可以简述为“分区选词”。APPBK 在做首发选词时，一般采用如下分区策略，仅供参考。

选出总共 130 个字符，分成 G0 到 G5，总共 6 组词，具体分组见表 4-11。

在具体选词时，按照如下步骤进行。

- □ 从高热度区间到低热度区间（G5 到 G0），依次选词，每个区间选取的字符数应当大于或等于预设字符数，后续可以统一删减。
- □ 每个热度区间内选词，主要按照竞争度，从低到高，依次从候选词中选择，直至超过预设字符数。如果区间内没有足够多的词可选，选全部候选词即可。APPBK 的竞争度主要是根据 App 评论数计算的。

表 4-11 分区选词

组编号	热度区间	选择字符数
G5	[5000,7000]	20 字符
G4	(4605,4700)	20 字符
G3	(4700,4800]	20 字符
G2	(4800,4900]	20 字符
G1	(4900,5000)	20 字符
G0	4605	30 字符

- □ 选完 130 个字符的词之后，根据产品的特点调整“竞品词”和“行业词”的比例。如果不做调整，选词中的“竞品词”和“行业词”的比例应该大致是 15%:75%，就是大盘的比例，一般可以适当增加“行业词”的比例。
- □ 根据组词情况适当删减，保证 100 个字符。

结合 APPBK 或者相关的工具，就可以很容易按照上述流程进行首发选词。因为这个流程规则比较清晰，大部分工作其实可以由机器来完成，我们按照此规则正在开发一套“一键选词”系统，目前主要是 APPBK 内部的 ASO 优化师在使用改进，后续这个系统也尽快开放出来，具体如图 4-28 所示。

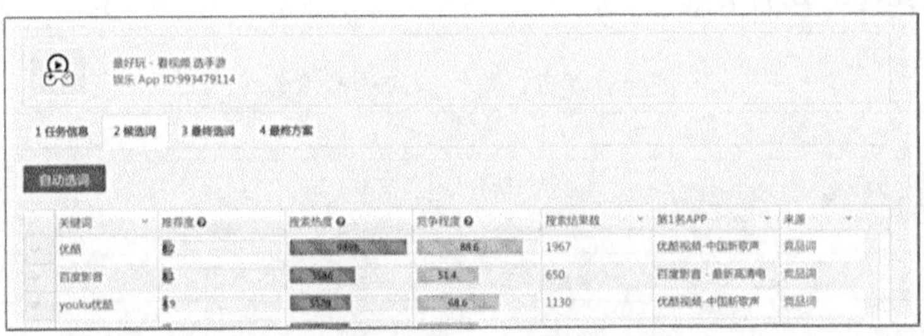

图 4-28 开发中的“一键选词”功能

4.5 关键词带量计算：ASO 进阶必读

在 4.1 节中讲到，搜索曝光度是很多 ASO 工具衡量优化效果的核心指标，但这毕竟是一个间接指标。而关键词搜索能带来多少下载量，简称“带量”，则是选词的最核心、最直接的指标。本节就进一步讲解带量估计的方法。

“带量”计算的重要性不言而喻，这个其实就是 ASO 最核心的内容。典型的如版本更新选词的时候，关键词带量较多的就保留下来，而带量差的删掉即可。对新增的词，也需要“预测”其能带量多少，作为选词的标准。但目前还很少有文章把“带量”问题讲透彻的，本节就结合例子，期望用最简明的语言把“带量”说清楚。

4.5.1　“搜索词”带量计算

为了避免混淆，我们这里说的“关键词（keywords）”，是指你在 iTunes 填写的 100 个字符的关键词。而词的覆盖，则是指覆盖的“搜索词（query）”。一般的 ASO 工具都提供“搜索词”覆盖查询功能，就是看哪些词能够搜到这个 App，典型的页面如图 4-29 所示。

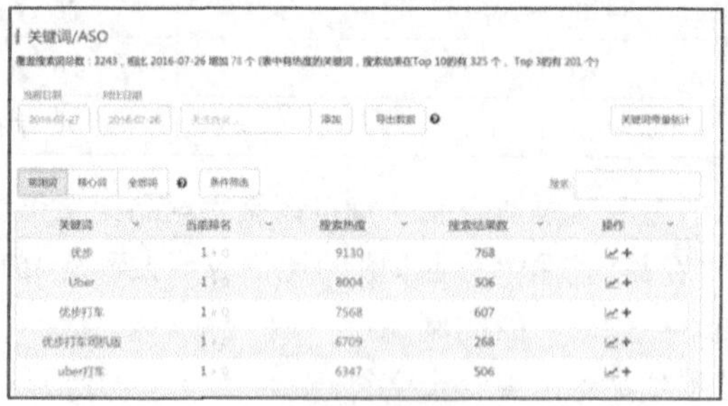

图 4-29　一个 App 的覆盖搜索词列表

一个搜索词的带量计算，主要步骤有两个。

- 估计词的日均搜索量。
- 根据 App 在这个词下的排名，估计下载量。

词的搜索量估计在前面内容中介绍过，词的“搜索热度”对应的大致搜索量见表 4-12。

表 4-12　词的“搜索热度”对应的搜索量

热度	搜索量
4605	1
5000	371
5500	611
6000	1008
6500	1662
7000	2471
7500	4520
8000	6452
8500	12286
9000	20257
9500	33399
10000	＞10000

而后一步其实就是要计算搜索“下载转化率”。由于苹果的 iTunes 统计后台并没有给出下载来源，这个数据是没有的，因此，就需要根据一些安卓市场的统计来估计 App Store 的下载转化率。

以“优步-Uber”这个 App 为例。其覆盖了搜索词“uber”，热度为 8004，这个 App 排名第一。下面就计算下“uber”这个词给“优步-Uber”App 的带量。

- 查表 4-12 可知，“uber”为 8000 热度，其对应的日均搜索量为 6500 左右。
- 根据一些安卓市场的搜索转化率统计，搜索到下载的整体比例大约为 4:1 到 2:1，我们这里取 2:1，即 50%的转化率。则“uber”这个词能带来的全部下载量约为 6500×50% =3250。
- 这些下载量基本会分配到搜索结果 Top 10 的 App 上。具体的分配比例也参照安卓市场，（如 360 市场给出的比例中，排名第一的优步 App 占约 90%），则这个词为其第一名 App 的“带量”就是 3250×90%=2925，具体如图 4-30 所示。

图 4-30　360 市场给出的下载分布比例

结论就是：“uber”这个词为“优步-Uber”的“带量”约为 2925。

目前，国外的 ASO 服务商 mobileaction（https://www.mobileaction.co/），这个网站提供“带量计算”服务，其中“uber”App 的美国区关键词带量分布，如图 4-31 所示。

My Keywords　Competitor's Keywords　Organic Download Estimation by Keywords

Keywords	Downloads
uber	67.36%
uber driver	10.1%
uber partner	6.74%
taxi service	3.37%
uber app	1.35%
uber nyc	1.35%
car service	1.35%
uber taxi	1.35%

图 4-31　“uber”App 的美国区关键词带量分布

根据上述原理，我们也开发了“带量”计算服务，在 APPBK 的 App 内容页，左侧“关键词/ASO”导航的内容中就增加了“搜索词带量估计”服务。其中“优步-Uber”App 的关键词带量分布表，见表 4-13。

和 mobileaction 不同，我们除给出每个搜索词带量比例外，还给出了具体的下载量估计。欢迎认为数据偏离较多的用户随时反馈，我们会不断改进“带量”计算的准确度。

表 4-13　　“优步-Uber” App 的关键词带量分布表

关键词	搜索热度	App 排名	下载量	下载占比	日均搜索量
优步	9130	1	10336	53%	18457
Uber	8004	1	3353	17%	5986
优步打车	7568	1	2168	11%	3871
优步打车司机版	6709	1	919	5%	1640
Uber 打车	6347	1	640	4%	1142
优步车主端	5816	1	376	2%	672
Uber 打车软件	4954	1	252	2%	349
优步打车软件	5403	1	249	2%	445
打车软件	5344	1	—	—	—

4.5.2　iTunes 关键词带量计算

上面介绍的是每个“搜索词”的带量估计，如果是看 ASO 的基本效果，也就够用了。但因为苹果的搜索系统有“搜索词覆盖”这个概念，如果你在 iTunes 只填写了“运营”这词，除了“运营”外，“运营助手”“运营数据”等搜索词也都能搜到你的 App，而这些“搜索词”带量都可归因于“运营”这个关键词。因此，更细致的带量计算，需要考虑一个关键词的覆盖“搜索词”情况。

一个“关键词”的带量计算，主要就是把其覆盖的“搜索词”带量相加，流程如下。

- □ 查找关键词覆盖的搜索词。
- □ 看这些搜索词的带量估计。
- □ 所有覆盖搜索词的带量相加，就是这个“关键词”的带量。

找一个“关键词”覆盖的搜索词也比较容易，一般的 ASO 工具的“ASO/搜索词”页面都有查找功能，直接查找这个词即可。假设“优步-Uber”只填写了“优步”这个关键词，搜索“优步”，如图 4-32 所示。

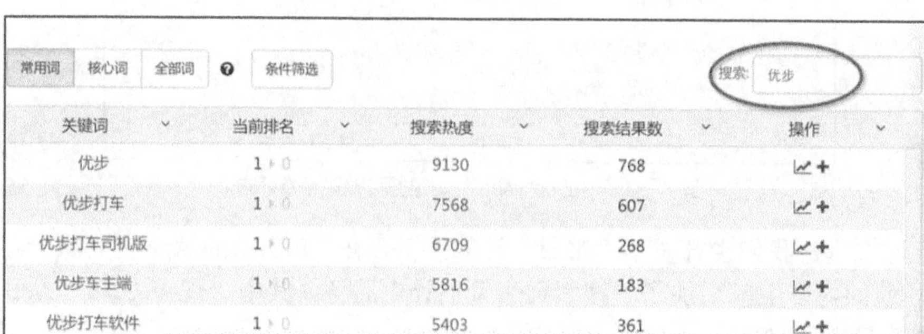

图 4-32　“优步”覆盖的“搜索词”查询

然后，我们把这些图中“搜索词”带量相加，就可以认为是“优步”这个关键词的带量。

APPBK 也专门开发了“关键词”带量计算服务，因为这个需要用户填写的 iTunes 关键词，就把这个服务放在“我的关键词方案”一栏。还是以“优步-Uber”为例，假设其只填写了“优步，uber”这两个词，具体关键词带量计算结果如图 4-33 所示。

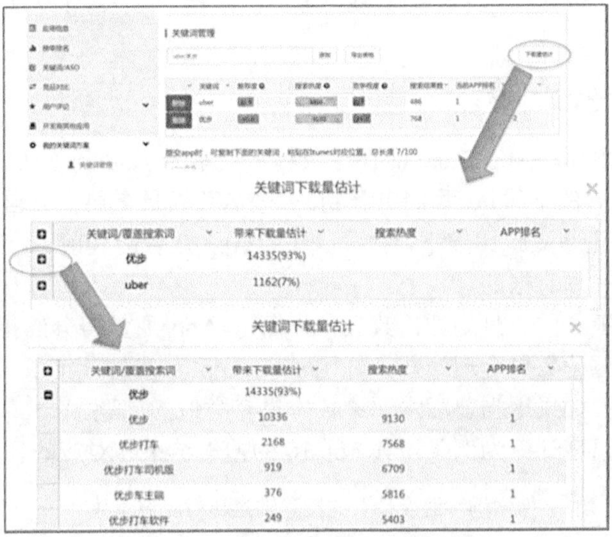

图 4-33　APPBK 的“关键词”带量计算服务

使用此服务，在填写词的时候尽量写组词之前的词，这样能更准确地计算带量。如果是几个词组合之后的关键词，系统会先分词，然后再计算带量，准确度可能就会有所下降。有了这个服务，App 更新选词中的删词和留词就很容易决定了。

本节介绍的是现有关键词的“带量计算”，而新增关键词的“带量”估计需要预测 App 在关键词下的排名，比较困难，这会放在后续内容中讲解。

4.6　ASO 之终极秘籍：App 搜索排名预测

“预测”往往是一个领域的“终极”秘籍。好比炒股票，你能准确预测股价；好比玩彩票，你能准确预测中奖号码；好比做 ASO 填词，你能准确预测 App 在这些词下的排名。

App 排名预测主要用在“更新选词”中，一般首先要预测 App 搜索排名是否能到 Top 10，因为只有在 Top 10，才可能带来下载转化。再者，如果需要真人量冲排名，也需要 App 的搜索排名在 Top 100 以内，这样做任务的才能找到你的 App。当然，App 排名如果不在 Top2000 以内，苹果搜索是搜不到你的 App 的。

搜索排名预测，主要还是利用了苹果的搜索排名基础算法。我们知道 App Store 大致的搜索排名得分考虑两个因素：文本相关性和 App 质量得分。

$$\text{App 搜索排名得分} = \text{文本相关性} \times \text{App 质量得分}$$

其中文本相关性就是搜索词和 App 元数据的相关程度。简单的计算，可以认为搜索词命中正标题得 10 分，命中副标题得 5 分，命中关键词得 2 分。如果是部分匹配命中，而不是完全匹配，则得分乘以 0.5。

App 质量得分一般按最近 5 天的下载量计算，但因为苹果 App Store 并没有给出下载量接口，因此就需要根据评论等估计下载量。根据下载量估算的方法不同，我们大致尝试了 3 种方法，具体如下所述。

4.6.1　根据评论数预测排名

大量的统计结果表明，App Store 的评论数和下载量为 1:30 到 1:100 的关系。因此，可以用评论数大致衡量 App 的下载量。我们也看到，一些运营人员需要估算自己 App 排名的时候，就是利用 App 历史评论数大致比较下，看看自己的 App 是否能到前 10 名，虽然准确率不是很高，但作为参考还是有理有据的。

我们使用了最新版本的“月均评论数”作为衡量 App 质量得分的指标，这样比所有历史评论数或者当前版本评论数更合理一些。好比一个 App 上线好几年了，如果按照全部历史评论数，显然有失公允；如果用当前版本评论数，也有类似的问题。

我们以搜索词“温度计”为例子，其 Top 10 的搜索结果和对应的评论数见表 4-14。

表 4-14　搜索词“温度计”的搜索结果和对应评论数

排名	App 名称	全部评论数	当前版本评论数	月均评论数
1	Thermo~温度计	2495	570	36
2	实时户外温度（温度计）	178	7	3
3	我爱温度计	17	7	2
4	温度计，体温、耳温	0	0	0
5	智能温度计	41	0	0
6	温度计（实时户外温度专业版）	70	22	10
7	身体温度计算器恶作剧	0	0	0
8	BBI 温度计	0	0	0
9	墨迹天气 - 天气预报，空气……	597565	1508	2262
10	发烧总监	164	0	0

从表 4-14 中可以看到，前 8 个搜索结果都是标题命中，文本得分一致。因此，按照我们的假设，评论数越多的 App 排名越靠前。

Top 3 的 App 基本符合这个规律，而后 5 个，因为有 3 个评论较少，不太好判别，但总体上还是符合我们假设的。而第 9 和 10 名的 App 为关键词命中，这两个的排序也符合我们的假设。

但我们也发现，像“墨迹天气”这样的 App，下载量应该是搜索排名第 1 的 App 的几十倍，但搜索排名却非常靠后，而第一名 App 也没有刷搜索排名的迹象。因此，可以认为 App 标题，特别是正标题命中的得分远大于关键词命中得分。像 App Store 就有一些 App 利用了这个规则，把自己 App 的正标题命名为“找工作”“信用卡”之类的行业词。

通过对 500 个热度在 4605~4700 的词的排名进行预测，准确率约为 55%。热度更高的词，因为刷的比例过高，预测准确率会差一些。

4.6.2　根据下载量预估预测排名

因为目前国内刷评论的现象普遍存在，因此，评论数与下载量的正比例关系并不完全准确，预测的准确率稍差，也在情理之中。而国外预测 App 下载量的方法，一般都是根据评论+榜单的排名情况。由于榜单刷起来成本要高很多，因此相对更可信一些。根据榜单预测下载量的方法，可以 Google “INFERRING APP DEMAND FROM PUBLICLY AVAILABLE DATA”。

同样还是针对搜索词“温度计”，其 Top 10 的搜索结果和对应的下载量估计见表 4-15。

表 4-15　　搜索词“温度计”的搜索结果和对应下载量估计

排名	App 名称	下载量估计
1	Thermo~温度计	64529
2	实时户外温度（温度计）	27312
3	我爱温度计	1942
4	温度计，体温、耳温	1673
5	智能温度计	2218
6	温度计（实时户外温度专业版）	19007
7	身体温度计算器恶作剧	0
8	BBI 温度计	720
9	墨迹天气 - 天气预报……	114693
10	发烧总监	2187

表 4-15 的结果和评论表数据大致一致，但因为同时利用了评论数和榜单情况来预测下载量，就避免了一些 App 数据为 0 的情况，因此预测的准确率会更高一些。当然，我们根据国外的方法预测的 App 日均下载量都偏高，但因为搜索排名只考虑相对的大小，故不影响排序预测。

同样通过对 500 个热度在 4605~4700 的词的排名进行预测，准确率约为 60%，比用评论估计的准确率略高。

目前，我们的线上也提供了基于评论和下载的排名分析服务，具体如图 4-34 所示。

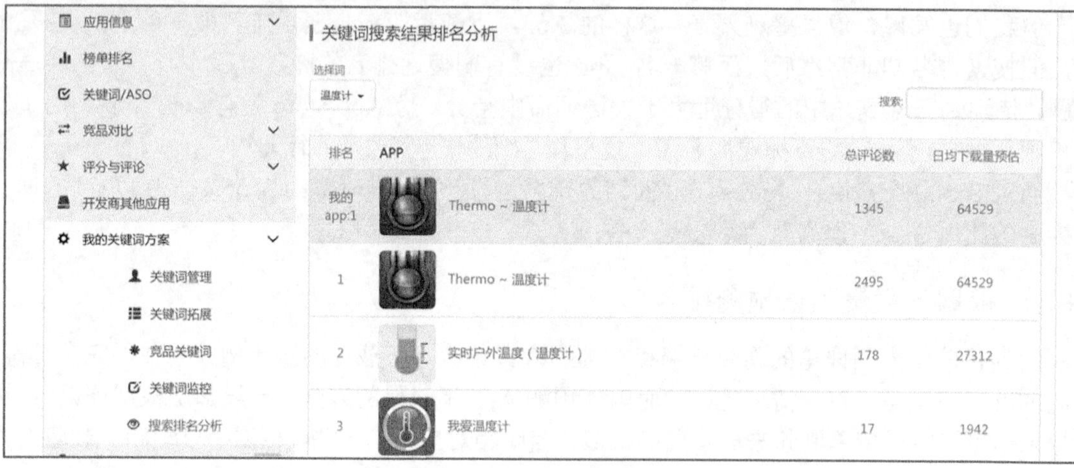

图 4-34　关键词排名分析服务

4.6.3　根据共用关键词预测排名

上述两种方法，都是直接利用苹果的排序算法，但因为排序中的 App 质量得分估计较为困难，国内 App 普遍存在刷排名的情况，因此准确率在 60%左右也不奇怪。这个准确度作为选词参考，应该是够用的，但如果需要更精准地估计 App 的搜索排名，就需要另辟蹊径了。

我们发现，由于 App Store 有效的关键词在 10 万以内，分配给各个类别得更少，因此存在大量 App 选用同一关键词的情况。也就是说，两个 App 可能有大量共有的关键词。因为这些关键词的排名是已知的，因此可以利用“共有关键词”对 App 进行排名估计。

举个例子，App1 和 App2 有 100 个共有关键词，而其中有 99 个关键词，App1 排名都比 App2 靠前。那么对于一个新的共有关键词，App1 理应比 App2 排名更好。

我们仍以搜索词“温度计”为例，比较排名第 1 的“Thermo ~ 温度计”和排名第 2 的“实时户外温度（温度计）”，两个 App 的共同关键词，如图 4-35 所示。

我们只考虑热度大于或等于 4605 的词，这两个 App 拥有共同的关键词数为 16 个。在这些关键词下，“Thermo ~ 温度计”名次靠前的有 13 个，“实时户外温度（温度计）”名次靠前的有 3 个。因此，如果新出现一个关键词，我们会认为“Thermo ~ 温度计”排名比“实时户外温度（温度计）”靠前。

我们继续分析下“实时户外温度（温度计）”名次靠前的例子。“温度计测量”“测量温度”这 2 个词，可以看到这些都是标题部分匹配的例子，也就是说两个 App 的标题都只匹配了“温度”这个词，而没有匹配“测量”。而进一步分析发现，“实时户外温度（温度计）”关键词中是包含“测量”这个词的，而“Thermo ~ 温度计”并不包含“测量”。因此，造成“实时户外温度（温度计）”的文本得分会高一些，具体如图 4-36 和图 4-37 所示。基于这种情况，我们进一步将共有关键词的匹配分类为标题匹配、关键词匹配等多种情况进行分析。

APPBK

共有关键词（16）			
我的排名	关键词	热度	竞品排名
1	温度测试	4605	2
1	室内温度计	4605	103
1	温度计 天气	4605	36
1	温度计	4647	2
1	温度	4605	2
1	手机温度计	4605	3
1	温度计免费	4605	33
2	温度表	4605	1
2	室外温度计	4605	3
3	温度计测量	4607	2
16	湿度计	4605	19

图 4-35 App 共有关键词比较，左侧“我的排名”对应“Thermo ~ 温度计”，右侧“竞品排名”对应“实时户外温度（温度计）”

常用词 核心词 全部词 条件筛选 搜索：测量

关键词	当前排名	搜索热度	搜索结果数	操作
温度计测量	3 ▸ 0	4607	167	
测量温度	24 ▸ 0	4605	617	

图 4-36 “Thermo ~ 温度计”App 的关键词中不包含“测量”这个词

利用“共有关键词”可以分析两个 App 的排名对比情况，而对新增关键词的 App 只需要逐一对比关键词下现有的 App，就可以定位该新 App 的排名情况了。

通过对 500 个热度在 4605~4700 的词的排名进行预测，“共有关键词”做搜索排名预测的准确率大于 70%。

因为“共有关键词”排名预测计算量较大，目前只在内部选词系统中使用，还在持续优化中，后续有望将准确率优化到 80%以上。达到可用的标准后，会推出线上服务。

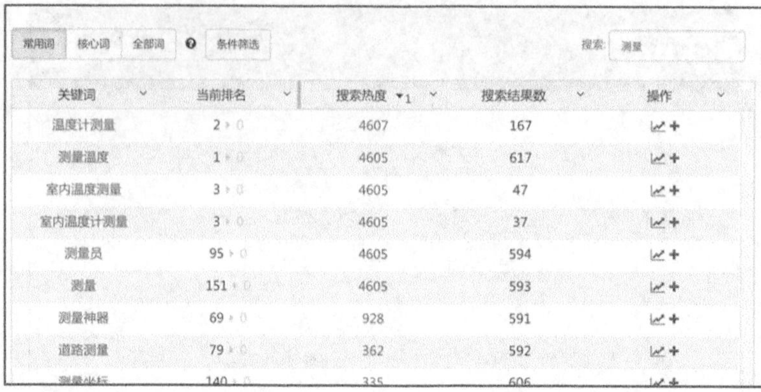

图 4-37　“实时户外温度（温度计）”App 的关键词中包含了“测量”这个词

4.7 ASO 更新选词套路

App 首发选词，由于没有反馈比较，因此相对简单一些。而更新选词，如果选的还不如以前，结果就比较糟糕了。

因此，我们首先需要预先定制一些衡量选词效果的指标，这样才能知道选词是否有所改进。然后，我们就基于这些指标设计更新选词流程，让选词尽可能地优化这些指标。

4.7.1　选词效果指标

目前大家经常用到的选词效果衡量指标一般有下面 3 个。

1. 词的覆盖数

词的覆盖数主要是一般关键词能覆盖的搜索词个数，如图 4-38 所示。考虑到热度因素，我们还是希望能够覆盖的有效关键词越多越好，有效关键词一般是指热度大于 4605 的词。理论上讲，一般关键词覆盖的搜索词数越多，其带来的下载量就会越多。

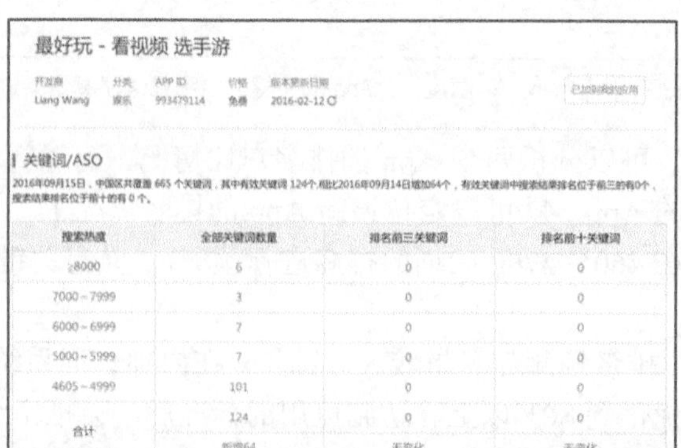

图 4-38　词的覆盖数

2. 搜索曝光度

词的覆盖数相对比较直观，但一个关键词带来的下载量往往和搜索热度、App 的排序都有关。因此，很多 ASO 工具都提供了综合这两个要素的指标，具体名称可能有所不同，如有叫“ASO 指数”的，国外一般都叫“搜索曝光度”，如图 4-39 所示。

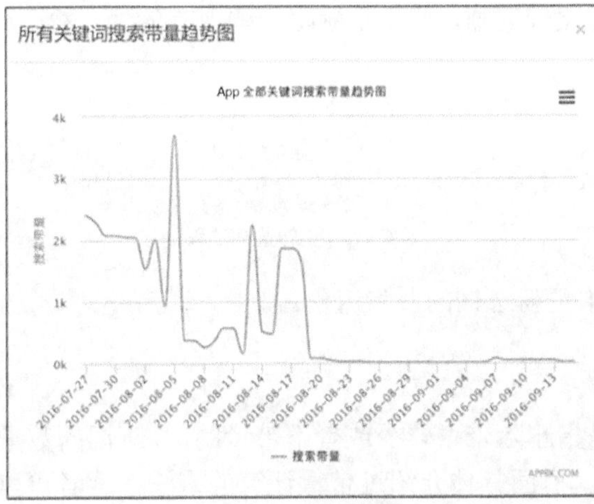

图 4-39 搜索曝光度

3. App 下载量

App 下载量是最直接的指标，但因为 iTunes 分析后台并没有给出源于搜索的下载，因此只能做参考，具体如图 4-40 所示。

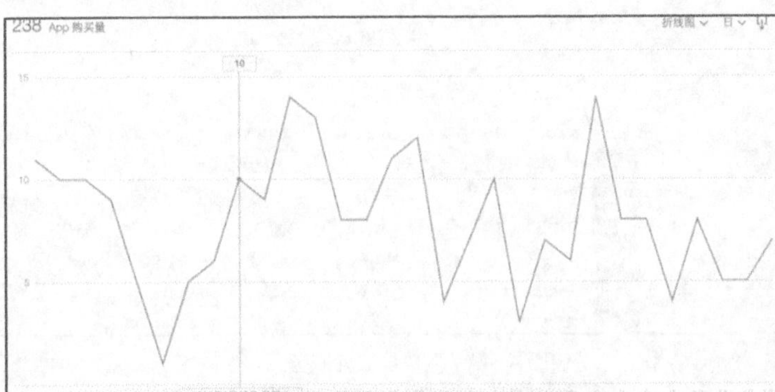

图 4-40 App 购买量/下载量，iTunes 分析后台

在更新选词时，我们应该综合上述几个指标进行优化，但最终目的还是增加App下载量。

4.7.2 更新选词流程

我们以下面这个 App 为例，进行更新选词。

- □ App 名称：最好玩-看视频选手游。
- □ pp id: 993479114。
- □ 当前版本关键词：最好玩的游戏-看视频，推荐游戏，手游，休闲冒险单机小游戏，王者荣耀，穿越火线，天天酷跑，天天爱消除，我的世界，全民枪战突击，天天炫斗，飞机大战，火线精英，斗地主，CF，LOL，梦幻西游，大话西游，开心消。

更新选词的整体流程比较清晰，首先是删除一些现有的词，然后添加一些新词，具体流程如图 4-41 所示。

图 4-41　更新选词流程

下面就详述图 4-41 中更新选词的分步流程。

1. 删除现有的词

删除现有的词主要是指删除带量较少或者不带量的词。删词的数量一般控制在 30%以内，防止 ASO 效果波动太大。前面具体介绍过带量计算的方法，读者可以自行计算，也可以使用一些 ASO 工具进行计算。以 APPBK 的带量计算服务为例，其服务入口如图 4-42 所示。

图 4-42　下载量估计服务入口

对该 App 而言，其带量计算如图 4-43 所示。

这里我们应当注意，一般而言，排名在 30 位之后的 App 基本是无法带量的。考虑到很多 App 都处在关键词的 30 名之后，因此，我们对这些 App 也给予一定的带量，主要是方便进行更新选词。

根据该 App 的带量计算情况我们首先删除“开心消，LOL，CF，斗地主，梦幻西游”这几个词，主要是 App 在这些关键词下根本没排名，想刷都刷不上去，属于无效词。然后删除“飞机大战，手游，我的世界，休闲冒险单机小游戏”，主要原因是排名太低或者热度太低，带量较少。这些词总计约 30 个字符，大致符合 30%的范围。

关键词/覆盖搜索词	带来下载量估计	搜索热度	APP排名
穿越火线	390(57%)		
火线精英	199(29%)		
大话西游	60(9%)		
全民枪战突击	15(2%)		
王者荣耀	5(1%)		
天天酷跑	3(0%)		
天天炫斗	3(0%)		
天天爱消除	3(0%)		
飞机大战	2(0%)		
手游	2(0%)		
我的世界	1(0%)		
休闲冒险单机小游戏	1(0%)		
开心消	0(0%)		
LOL	0(0%)		
CF	0(0%)		
斗地主	0(0%)		
梦幻西游	0(0%)		

图 4-43　App 带量计算详情

2. 添加新词

添加新词和首发选词基本流程一致。首先根据热度进行粗选，然后根据相关性和竞争度进行细选大致选词几十个词，然后进行带量估计，如图 4-44 所示。

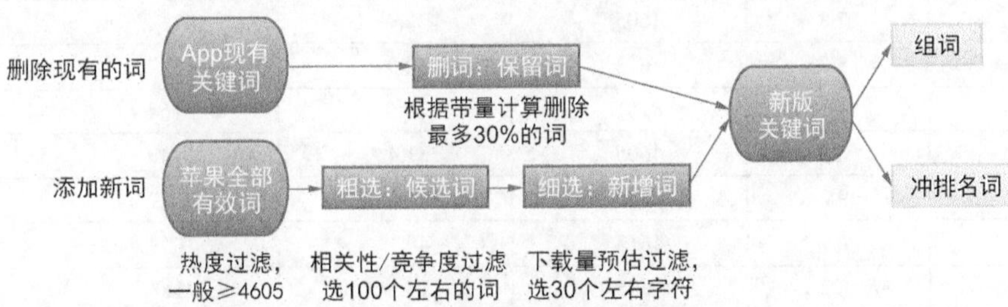

图 4-44　更新选词的添新词流程图

新词词带量计算和现有关键词带量计算的方法基本一致。但因未上线，需要“估计”一个数据——估计 App 在搜索词下的排名。如果是更精细的计算，则还要估计关键词覆盖的搜索词情况。

由于具体的搜索排名预测的准确率并不是很高，可以选一些有效关键词，然后判断 App 在这些词下的排名能否到 Top 30 即可。这可以根据当前搜索结果 Top 30 的 App 评论数计算排名估计。因为从 2016 年 8 月开始，App Store 的有效关键词数量大幅减少，因此我们判断 App 能排到 Top 30 或者 Top 100，就认为是能带量的关键词。具体如图 4-45 所示。

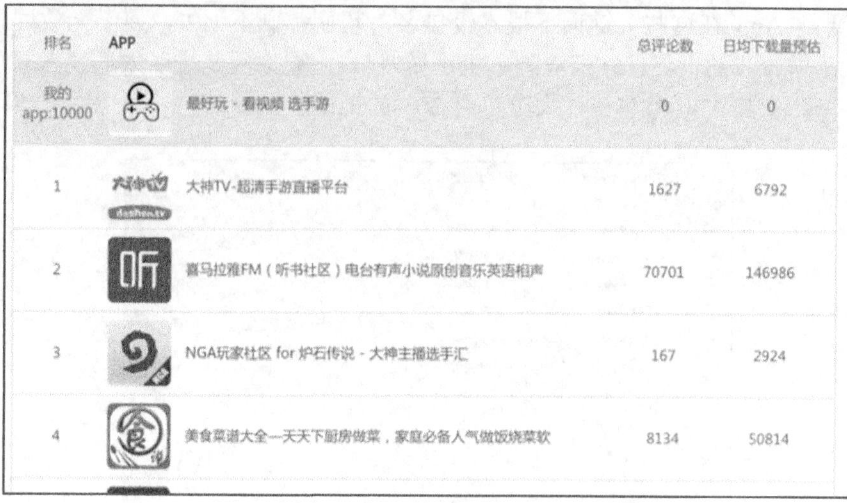

图 4-45　简单估计 App 的搜索排名

根据上述流程，我们添加了表 4-16 中的这些词。

表 4-16　　新增的关键词

关键词	推荐度	搜索热度	竞争程度	搜索结果数	长度
Youku	5.8	4616	42.9	961	5
三国	42.5	9567	37.1	2137	2
休闲	4	4605	60	2144	2
优酷视频	6.4	4739	45.7	2183	4
单机	3.9	4720	65.7	2190	2
大神 TV	7.8	4605	22.9	41	4
录屏	5.8	4613	42.9	1817	2
手游	31.2	8181	28.6	2164	2
搞笑	6.9	4605	31.4	2148	2
段子	9.2	4605	8.6	1377	2
比邻	6.1	4613	40	1033	2
直播助手	8.3	4605	17.1	2188	4
聚力视频	6.9	4609	31.4	78	4
视频剪辑	8.6	4628	17.1	331	4
视频播放器	7.1	4705	37.1	1566	5

3. 覆盖词数估计

覆盖数估计比较简单，把所有组词后的关键词和 App 标题一起输入 APPBK 的“关键词覆盖”预测中即可，如图 4-46 所示。因为关键词覆盖预测只收录了有效词和部分正规的低热度词，分别输入当前版本的关键词和新版本的关键词，进行比较。

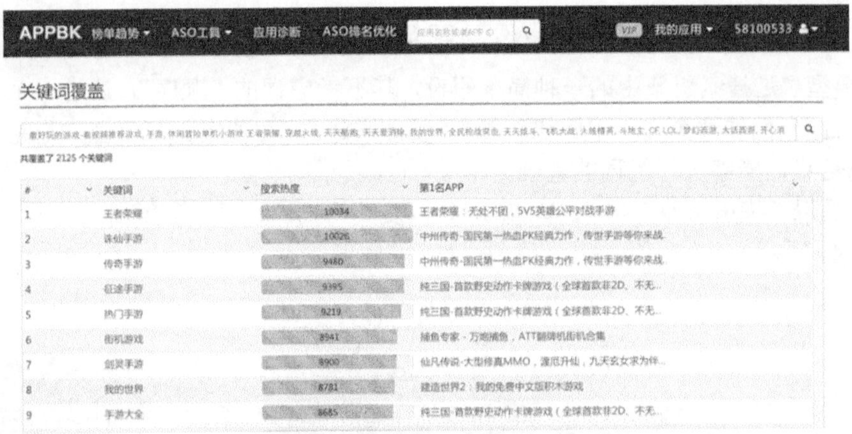

图 4-46　关键词覆盖数估计

选完新词之后，可以将原来版本剩下的词与新选词合并，然后进行后续的组词、确定刷排名词。

4.8　ASO“组词”技术

所谓“组词”，就是把一些具有“共同部分”的词组合到一起。如 App 的关键词包含“腾讯新闻”和“网易新闻”这两个词，可以组合成“腾讯网易新闻”，而用户搜索时，搜索“腾讯新闻”或“网易新闻”还是能搜到该 App。

之所有“组词”的需求，主要是由于 App Store 对填写的关键词长度有限制（不得大于 100 个字符），而我们需要填写的关键词串经常大于 100 个字符，因此需要对填写的一堆词进行组词，对可以合并的词尽可能地进行合并，从而能在 100 个字符内尽可能多地展示我们的 App 信息，增加 App 被搜索词命中的概率。

组词看似简单，但涉及搜索引擎的分词和检索的基础知识。如果对这些不清楚，就经常会产生如“支付宝”和“宝贝”能否组合成“支付宝贝”这样的疑惑。因此，下面就首先简要介绍下分词和搜索的基本知识，然后再讲下 APPBK 的自动组词方法。

4.8.1　分词技术

现代搜索引擎都是以“词”为基础单位进行设计的。词是最小的有意义的语言成分。英语等字母语言，其单词天然按照空格隔开，但中文等东亚语种，其词之间并没有明显的分隔符，因此就产生了“分词”的需求。“分词”就是把一个汉语字符串分成一个个词的过程。

分词的例子如“腾讯新闻”的分词为：“腾讯 | 新闻”，“网易新闻”的分词为“网易 | 新闻”。

由于中文分词经常会有歧义现象，如“乒乓球拍卖完了”可切分为“乒乓球 | 拍卖 | 完了”，又可以切分为“乒乓球拍| 卖 | 完了”。针对这种情况，搜索系统一般会把两种分词形式都记录下来，以供搜索时使用。

4.8.2 搜索的基础：词袋模型（word of bag）

“词袋模型”是搜索引擎中的一种简单假设，其不考虑词的“顺序”，认为一个文本就是一堆词的“集合”。例如两个文本“腾讯新闻”“新闻腾讯”，对搜索引擎而言，是完全一样的。这种假设也是我们能够进行组词的基础。

我们还是以“腾讯新闻”和“新闻腾讯”，以及其组词“腾讯网易新闻”为例，其“词袋”模型如图 4-47 所示。

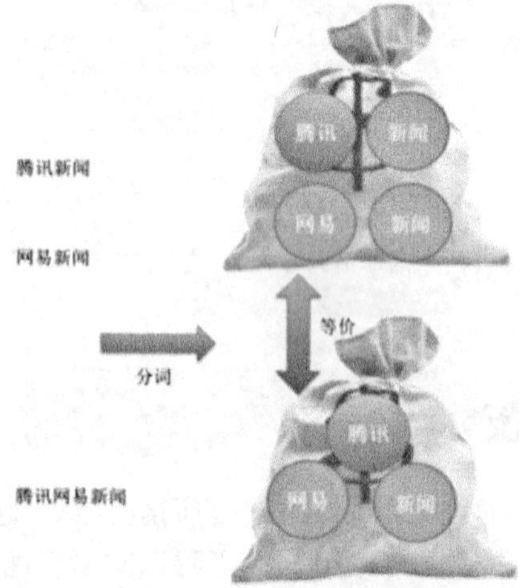

图 4-47 “腾讯新闻”和“新闻腾讯”及其组词“腾讯网易新闻”的词袋模型

由于“词袋”模型是一个“集合”模型，可以不考虑重复元素，因此上面袋子中的两个“新闻”可以视为一个。从图 4-47 中可以看到，“腾讯新闻”+“新闻腾讯”，和“腾讯网易新闻”的词袋模型是完全等价的。也就是说，对搜索引擎而言，它们是完全一样的。

然后，我们还可以利用上述模型，简单描述用户搜索的过程。在搜索时，搜索系统首先会对用户输入的搜索词进行分词，然后在关键词的“袋子”里面依次查找搜索词的分词。还是上面的例子，如用户搜索“腾讯新闻”时，流程如图 4-48 所示，搜索系统在“词袋”中分别查找“腾讯”和“新闻”这两个搜索词的分词。

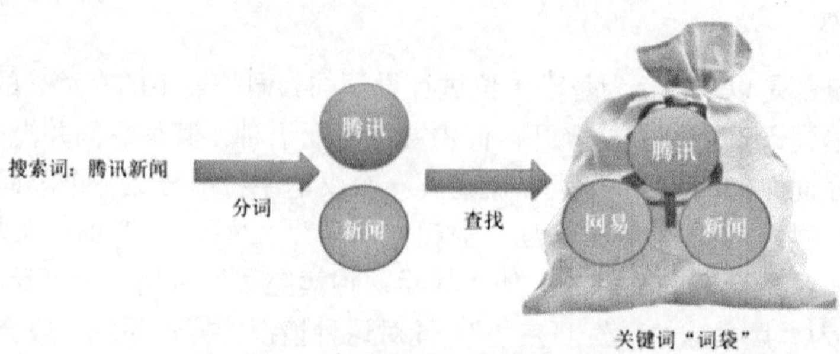

图 4-48 基于“词袋”模型的查找流程

然后我们再来看“支付宝”和“宝贝”的例子，说明为什么它们不能组词。我们把“支付宝”和“宝贝”组成“支付宝贝”，但其分词的时候可能会分成“支付 | 宝贝”，这种分词歧义就可能造成搜索“支付宝”的时候搜不到该 App，具体如图 4-49 所示。

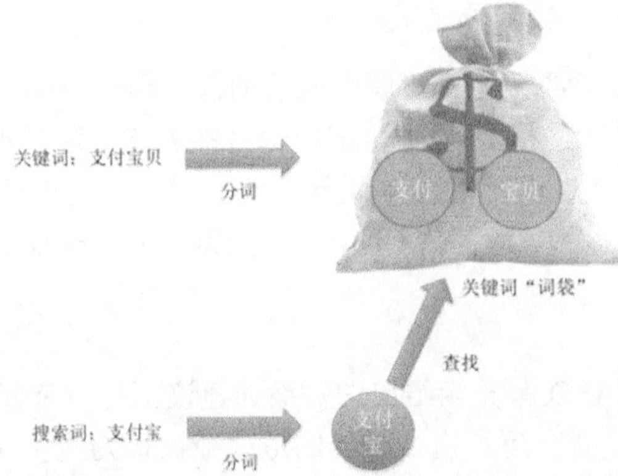

图 4-49 关键词“支付宝”和“宝贝”组成“支付宝贝”的例子

4.8.3 组词方法

因为搜索系统是以“词”为基础单位进行检索的，因此首先需要对关键词进行“分词”。然后就是具体的“组词”过程了。

“组词”就是一个分组的过程，我们利用的是机器学习中的“在线聚类”技术，其实就是把字符串中有相同子串的词组合在一起，然后不断循环，直到没有重合的词出现。组词过程中，我们考虑到苹果的规则，一个“词”不能过长，否则可能会被认为是关键词堆砌，因此我们限制了组词的最大个数，最多组合 5 个词。

我们根据上述原理，开发了“组词工具”服务，具体见 APPBK.com 网站的菜单导航栏。APPBK 的“推荐组词”结果设置了最大组词个数限制，以“美女直播，yy 视频，交友网站，明星直播”为例，其在 APPBK 上的组词结果如图 4-50 所示。

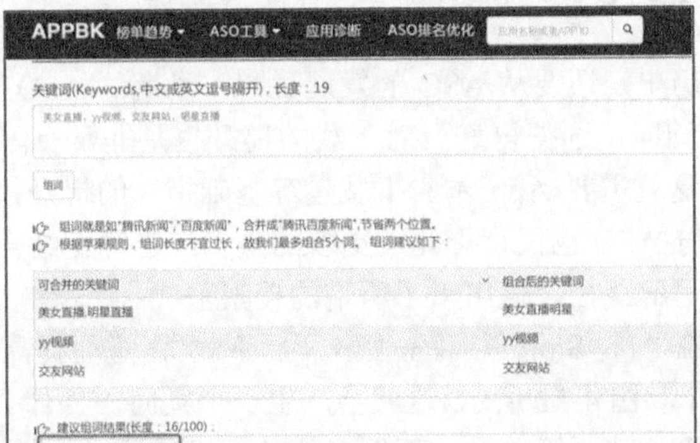

图 4-50 APPBK 的组词服务

其中，“美女直播”和“明星直播”两个词组合在了一起，省了两个字符和一个逗号的空间。

当然，APPBK 还给出了不考虑组词长度的结果，就是“最大限度组词”的结果。

4.8.4 逗号问题

“最大限度组词”，其实已经把所有可能组合的词都组到了一起，但还有用户经常会问，这样的组词还是有“逗号”存在，能不能把全部的逗号都去掉，这样不是能加更多的词吗？

根据上述的“词袋”模型，即使把所有的逗号都去掉，其关键词的“词袋”也是没有变化的，因此对搜索的影响不是很大。但考虑到下面的因素，并不建议这样做。

1. 苹果规则限制

在 2015 年之前，很多 ASO 服务商给出的关键词建议都是没有任何逗号的，但这种情况多了以后，苹果的关键词审核就会更严格，这样的形式会被认为是“关键词堆砌”，审核就不通过，因此组词需要“适度”。

2. 权重影响

根据“词袋”模型，用户在搜索“腾讯新闻”时，关键词填写“腾讯新闻”或者“腾讯网易新闻”，都是能搜到的，这是没有问题的。但是，关键词“腾讯新闻”与用户搜索词是完全一致的，这种情况，搜索引擎一般都会有少量的加分。

综合我们的一些实践经验，给出以下建议。

- 组词不宜过长，以不超过 5 个为宜。
- 对下载量较少的 App，不需要刻意组词，因为你的 App 基本处在长尾位置，一点点的加分就可能让你的搜索排名有大幅提升。
- 对应需要“刷”的词，还有核心带量的关键词，建议都用逗号隔开，不进行组词。

4.9 谈谈 App 刷搜索排名

App 刷搜索排名的历史，还要从 ASO 的发展说起。早期的 ASO 主要还是选一些热度高、竞争度低的词，但这些词即使选得再好，对下载的提升也是非常有限的。因为只有把自己的 App 排在前面才有效，这就需要 App 本身下载量等基础指标的提升，往往要等待一个较长的运营周期。国外的大部分 ASO 也仅止于此，更多的是和广告等相结合进行整合化运营。

而国内的同行们则另辟蹊径，搞出来了所谓的搜索下载（Cost Per Search Action，CPSA）服务。简而言之，就是在 App Store 中“先搜索，后下载”，进而提高 App 在对应关键词下的搜索排名，具体如图 4-51 和图 4-52 所示。这就会产生一个疑问，“为什么不直接做下载（CPA），而是要先搜索一下呢？”这就要简单说一下搜索的基本机制了。

图 4-51　典型的 CPSA 任务系统主页面

图 4-52　典型的 CPSA 具体关键词任务

4.9.1　CPSA 基本原理

现代搜索技术，除考虑 App 的下载、评论等描述 App 本身质量的特性外，一般还会考虑到用户的反馈。其基本出发点就是认为机器的排名往往是一个通用的排序，很难考虑到不同类型、不同领域搜索词的特性。因此，很多搜索系统都采用了"相信机器，但更相信群众"的思路，将用户的点击反馈等考虑进来。比如用户点击较多的 App，就会给一定的加分，这种方法的评测效果也非常不错，具体如图 4-53 所示。

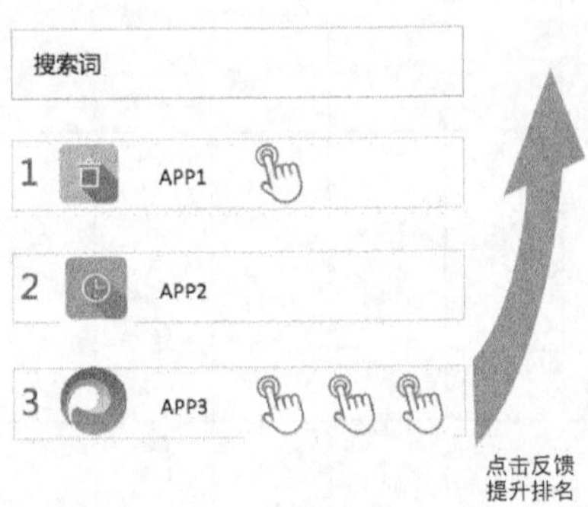

图 4-53　搜索点击反馈

很多搜索系统都给"用户反馈"非常高的权重。具体到 App 搜索，可以用图 4-54 来描述。

如果按照图 4-54 中的比例，"用户点击反馈"占 80%的权重，则一个 CPA 下载，只能贡献最多 0.2 的"App 得分"；而一个 CPSA 下载，则可以同时贡献约 0.2 的"App 得分"和 0.8 的"用户反馈得分"。因此，对搜索而言，一个"先搜索，后下载"的 CPSA 流量，至少相当于 4 个直接下载 App 的 CPA 流量。这就是相对少的 CPSA 流量，却能达到非常好的冲搜索排名效果的原因。

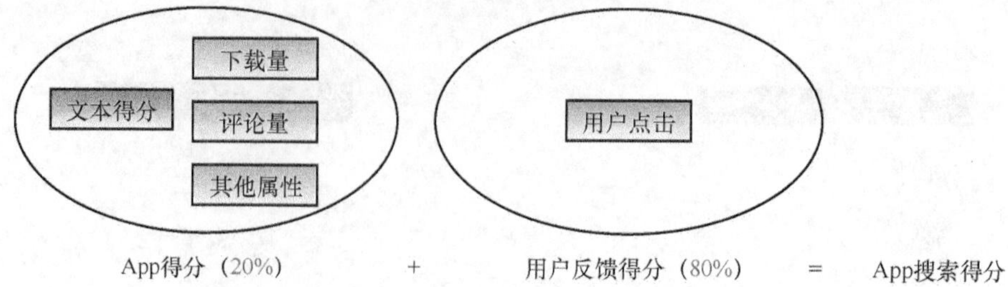

图 4-54　考虑用户反馈的搜索排序

4.9.2　CPSA 建议用法

App Store 自从来到中国，最主要的特色可能不是卡，而是“刷”——刷榜单、刷评论、刷热搜、刷提示、刷收入等。各种流量渠道显然不会放过这种机会，各类 CPSA 服务满天飞，App Store 搜索一些功能词，几乎看不到业内知名 App，甚至一些知名品牌词搜索，自己都不是第一名。

对 App 团队而言，是否使用 CPSA 流量，这里仅提一些自己的体会。

首先，既然无法改变环境，那就最好适应环境。比如自己的 App 明显比竞品下载多，却发现很多词却排名靠后，这时候可能就要“被动“采买一些 CPSA 流量了。从搜索排名趋势图也很容易看到一个 App 是否在刷排名。关键词排名短时间内快速提升，如果关键词热度比较高，八成都是在刷排名，具体如图 4-55 所示。

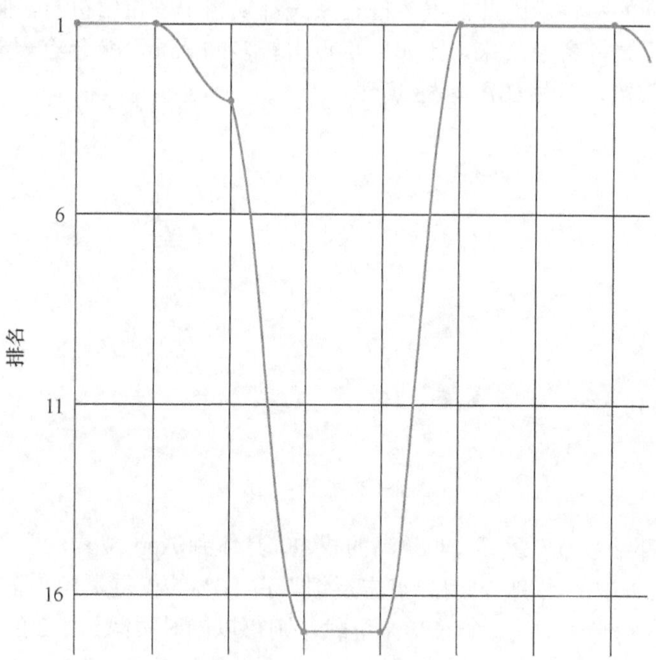

图 4-55　关键词排名快速上升下降

再者，也可以主动采买一些 CPSA 流量，毕竟相对于动辄几十块钱一个的线下推广，已经算是良心流量了。CPSA 的优缺点也非常明确。

- 优点：需要的下载量相对较少（一个关键词一般对应几百到几千的下载量即可），如果关键词选得好，很可能会有较好的投入产出比。同时由于量小，账号风险也非常低。
- 缺点：和积分墙一样，拿钱的用户基本不会有太多留存。只能寄希望于某个关键词的搜索排名上去，然后带来一些自然流量，就是所谓的“带量”。

根据上面特点，也给出一些建议用法。

1. 关键词测试

App 上线初期或者新功能上线，要测试关键词是否合适，采取买一些 CPSA 流量是一种非常有效的方法。选择一些关键词后，一般需要被动等待较长的时间（一般数周），才能看到是否真的选到了热度高、竞争低的关键词。而通过 CPSA 流量采买，则可以“主动”地快速了解关键词选择是否合适，一般持续两三天，总共几百到几千个下载量，基本就能看清选择的关键词是否合适了。

举个例子，好比一个关键词，有上百个 CPSA 流量下载，排名就有明显的上升，则可以作为候选长久使用的关键词；相反一个关键词有几千个下载量，排名没有任何变化，这样的词基本就是竞争度高了，可以删掉或者当作候选词库。

考虑到用户的搜索习惯，“品牌词”搜索时，大家一般都直接点击相应的 App，给其他 App 带量相对较少；而“功能词”的点击一般会分配到多个 App 中，因此具体 CPSA 选词，可以考虑“品牌词”和“功能词”结合来做。

2. 新热词

这些词的特点就是热度非常高，但因为是新出现的，用的 App 相对较少，竞争就少一些。可以采买一些 CPSA 流量，把自己的 App 做到这类关键词搜索排名的前 10 名，就有很有可能带来真实用户下载量。这些关键词一般可以通过“热搜”关键词来找，或者找一些爆发的 App，看看它们的搜索词。像“火车票”之类的词，就是很多 App 重点关注的词。

总而言之，CPSA 流量可以视为一个有效的营销手段，用得好，是一个低成本、高收益的推广方式。但如果单靠这个方法，做很大的量级是有难度的，还是需要结合产品、口碑、广告推广等手段来拉新。

在安全方面，只要是“刷”，都存在一定的账号安全问题。对 CPSA 流量而言，因为量级相对较少，一般控制在日均下载量几倍以内，而且主要以真人下载为主，相对其他“刷”，要安全得多。

4.9.3 CPSA 冲排名估量

CPSA 冲搜索排名，其核心问题就是要估计冲排名需要多少下载量，也就是常说的“打量估计”。

目前冲排名时间安排都相近，一般以 1 周为一个冲排名周期。首先在第 1 天内“冲排名”

一次，然后第 4 天进行“维持排名”一次，再保持排名 3 天左右。之所以这样做，是因为搜索排名算法一般会考虑最近 5~7 天的下载量情况，所以 CPSA 冲排名也大致按照这个周期进行。

“打量估计”主要还是根据关键词能带来的下载量进行估算。举个例子，好比“天气”这个词，一天能给第一名的 App 带来 1000 个下载量。如果我的 App 要刷“天气”这个词，我只需要一天“打量”超过 1000，也就是说人为地在“天气”这个词下给我的 App 带来超过 1000 的下载量，这样理论上讲，我的 App 就能排在“天气”这个词搜索结果中排名第一。

当然，具体“打量估计”还需要根据最近一段时间的“打量”实际效果情况进行调整。特别是如果多个 App 都在刷同一个词的情况下，就存在一个博弈问题，打量可能要高出很多。根据我们的大致计算，不考虑多个 App 同时刷一个词的情况，词的热度和“打量”的大致关系见表 4-17。

表 4-17　词的热度和打量对应关系

热度	冲排名量	维持排名量
4600	100	80
5000	400	300
6000	1800	1100
7000	2300	1500
8000	4000	2500
9000	6000	4000
12000	10000	6000

现在有不少 ASO 工具都提供了“打量估计”的服务。以 APPBK 的服务为例，其截图如图 4-56 所示。

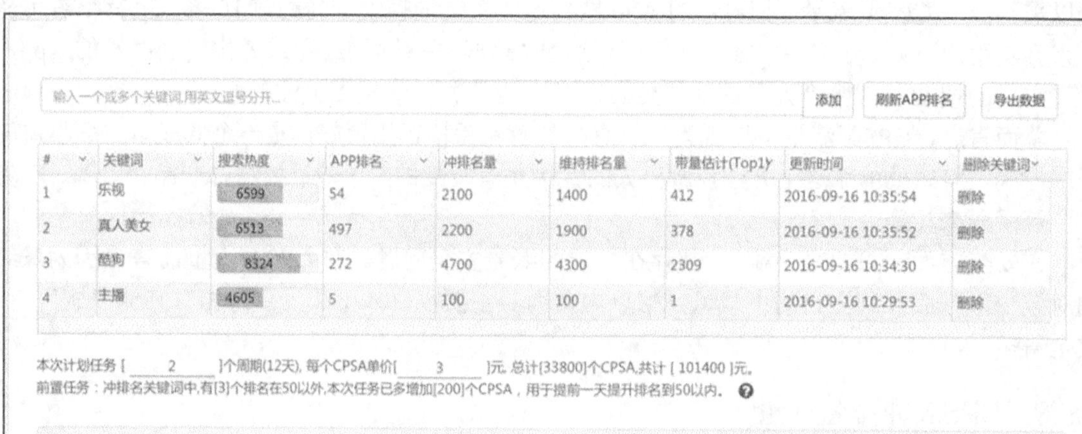

图 4-56　APPBK 的 CPSA 打量估计服务

4.9.4　CPSA 的未来

CPSA 可以看作是积分墙的一种延续。2014 年，约 15%的 App 下载来源于积分墙，2015 年年初被禁后需求仍在，变成了“众测”“微信积分墙”的形式，让用户搜索词，然后下载 App，这就是 CPSA 流量。但从 2015 年下半年开始，苹果已经封了一些 CPSA 的企业证书，对证书的使用也在设置越来越多的门槛，CPSA 已经比较难做了。但由于苹果国内的推广渠道较少，因此未来即使 CPSA 这种流量不再有效，也会有别的类似流量出现。这些可能都是 App 运营人员需要关注的。

4.10　ASO 选词报告模板

1. 选词结果

□ App：最好玩。

□ App id：993479114。

□ 关键词选词：休闲冒险，单机小游戏，天天酷跑爱消除炫斗，我的世界，飞机大战，火线精英，斗地主，大话西游，全民枪战突击，手游秀，大神，手游直播排行，战锤，虎牙。

□ 副标题选词：看视频，选手游，APPBK。

□ 搜索词覆盖数：1200~2000。

□ 建议冲排名词：虎牙，战锤，手游排行。

2. 选词输入信息

□ App 名称（必选）：最好玩 - 看视频 选手游。

□ App id（必选）：993479114。

□ 当前版本关键词（必选）：手游，休闲冒险单机小游戏，王者荣耀，穿越火线，天天酷跑，天天爱消除，我的世界，全民枪战突击，天天炫斗，飞机大战，火线精英，斗地主，CF，LOL，梦幻西游，大话西游。

□ 已知竞品列表（可选）：大神 TV，最美应用。

□ 希望新增的关键词（可选）：233，大神。

□ 希望删除的关键词（可选）：手游，CF，LOL。

3. 当前版本关键词效果分析

□ 覆盖搜索词总数：1263。

□ Top 10 搜索词数：0。

□ Top 3 搜索词数：0。

□ 搜索曝光度：<100。

具体见表 4-18。

表 4-18　效果较好的搜索词列

关键词	当前排名	搜索热度	搜索结果数
大话西游手游官方论坛	33	4605	37
新大话西游 2	44	4605	53
CF 视频中心	50	4605	59
大话西游口袋版	54	4680	105
梦幻西游手游工具箱	54	4605	54
CF 穿越火线枪战王者	61	5223	246
CF 手游枪战王者	77	4605	264
梦幻西游手机将军令	87	4605	90
梦想世界手游	87	4605	351

覆盖的全部搜索词：见 APPBK.csv，文件随该文档发送。

4. 新版关键词详情

具体见表 4-19~表 4-21。

表 4-19　删除的关键词

关键词	搜索热度	搜索结果数	当前 App 排名	删除原因
CF	7103	1676	900	竞争度太高；用户建议删除
穿越火线	8516	1516	553	竞争度过高
LOL	6928	2123	1371	竞争度太高；用户建议删除
王者荣耀	10301	739	704	竞争度过高
大话王者	4100	2119	1149	热度过低，不带量
梦幻西游	8779	991	857	竞争度过高
手游	8876	2117	–1	无排名

表 4-20　新增的关键词

关键词	推荐度	搜索热度	竞争程度	搜索结果数	长度
虎牙	27.1	7638	20	768	2
手游直播	7.5	4641	28.6	2180	4
战锤	5.4	4634	48.6	346	2
手游秀	8.1	4605	20	2118	3
大神	10.8	5027	28.6	2096	2
手游排行	6	4605	40	2120	4

表 4-21 选词结果（未进行组词）

关键词	推荐度	搜索热度	竞争程度	搜索结果数	当前 App 排名	长度
虎牙	27.1	7638	20	768	–1	2
手游直播	7.5	4641	28.6	2180	–1	4
战锤	5.4	4634	48.6	346	–1	2
手游秀	8.1	4605	20	2118	–1	3
大神	10.8	5027	28.6	2096	–1	2
手游排行	6	4605	40	2120	–1	4
全民突击	16.1	6739	25.7	1331	878	4
全民枪战	17.1	6822	22.9	1405	1232	4
休闲冒险	0		100		–1	4
天天爱消除	34.4	8006	14.3	2114	1529	5
斗地主	48.9	9845	31.4	2157	–1	3
大话西游	39.7	8776	28.6	2119	1149	4
单机小游戏	9.2	4634	11.4	2178	–1	5
飞机大战	17.7	6266	8.6	2029	1743	4
天天酷跑	38.5	8493	22.9	1866	1688	4
火线精英	9.8	6024	45.7	1520	556	4
天天炫斗	13.7	6746	37.1	813	620	4
我的世界	55.1	9321	14.3	2128	1889	4

注：新增关键词，需要等 App 上线后才有搜索排名，展示排名为–1。后续将加入排名预测功能。

（1）组词详情

天天酷跑，天天爱消除，天天炫斗→天天酷跑爱消除炫斗。

手游直播，手游排行→手游直播排行。

（2）覆盖搜索词预测

- □ 覆盖搜索词总数：1600~2000。
- □ 覆盖搜索词列表：见 APPBK_new.csv，文件随着该文档发送。

5. 冲排名详情

详细信息见表 4-22。

表 4-22　冲排名（Top 3）量级预估

删除关键词	关键词	搜索热度	App 排名	冲排名量	维持排名量	更新时间
虎牙	虎牙	7638		5000	3000	2016-06-13 15:15:00
战锤	战锤	4634		150	100	2016-06-13 15:15:00
大话西游手游版	大话西游手游版	4618	101	120	90	2016-06-13 15:15:00
CF 手游枪战王者	CF 手游枪战王者	4605	77	100	70	2016-06-13 15:15:00

注：

1. 排名在 100 名之后的词，真人流量较难做，需要双方根据具体情况协调来做。
2. 新增关键词暂无排名，需要等待上线后根据实际排名情况估算冲排名量级。

6. 附录

（1）附录 1 隐私声明

本报告所使用的用户 App 相关数据会严格保密，仅限于定制选词报告时使用。保障用户信息安全是我们的第一优先级。

（2）附录 2 联系方式

- □ 报告制作：APPBK&云聚联合项目组。
- □ 网站（服务）：http://www.appbk.com/。
- □ 网站（流量购买）: http://www.asovip.com/。

第 5 章　App 应用市场数据分析

5.1 iTunes App 分析数据解读

App 产品运营推广决策都需要有统计分析数据支持。目前 App 统计分析数据主要有两个来源，一是 App 应用市场数据；二是 App 内部数据，如多盟、talkingdata 等。

App 内部数据往往只有自己知道，基本不能得到其他 App 的数据，分析的价值仅限于自有应用。而 App 应用市场数据相对比较公开，像 App Store 除了真实下载/购买量不公开外，其他的如评论、榜单等都是公开的数据。App Annie 根据这些开放数据，结合一些真实的 App 内部数据，就可以大致估计出 App 的下载/购买量。利用 App 应用市场数据，就有可能做到“知己知彼，百战不殆”。

本章首先介绍 itunes Analytics（App 分析）的基础数据，这仍属于 App 内部数据；然后介绍如何利用 App Store 的公开数据，做竞品、市场等多维度的分析。

iTunes 自带的 App 分析工具是在 2015 年才免费开放使用的，其还是由苹果收购的应用测试工具 Test Flight。之前 App 统计主要使用一些第三方工具。

App 分析集成在 iTunes Connect 的界面当中，为开发者提供应用相关的多种分析数据，其数据来源包括 iOS 8 或 Apple TVOS 9 或更高版本设备。目前功能点如下所述。

- □ 知道你的用户访问 App Store 应用页面的频率。
- □ 了解用户打开你的应用的频率以及使用的设备数量。
- □ 看到你的应用销量和 IAP 收入情况。
- □ 创建活动连接并且了解市场营销活动的效率。
- □ 了解哪些网站可以带来最多的用户。

当然，你还可以找到所有的细节数据，包括用户的购买日期、地区、网站来源以及更多信息。下面就对这些数据进行逐一解读。

1. 概述数据

图 5-1 和图 5-2 中的部分概念，在前面章节的 ASO 专有名词中介绍过，这里再分别介

绍下。

- □ 展示次数：苹果在 2016 年 6 月新增的统计指标，指的是应用图标（icon）在市场内各个位置被展示超过 1 秒的次数。这些位置主要包括 5 大类：首页精品推荐、各种榜单、探索、搜索结果列表、应用详情页。
- □ 产品页面查看次数：是指用户浏览你的应用 App Store 详情页的次数。
- □ App 购买量：用户首次购买应用的数量。应用更新、同一 ID 在不同设备上下载，以及同一设备上的重复下载都不计算在内。
- □ App 安装量：你的应用被用户安装的总次数。其中包括同一设备的重复下载、同一 ID 在不同设备上的多次下载，应用更新不被计算在内。
- □ App 使用次数：应用被使用 2 秒以上的次数。如果应用在后台被打开，用户隔段时间再访问，则被算作第二次使用。
- □ 处于活跃状态的设备：在特定期间至少打开过一次应用的用户。
- □ 持续使用情况：在指定日期首次安装该 App 并在接下来几天再次使用该 App 的用户百分比。

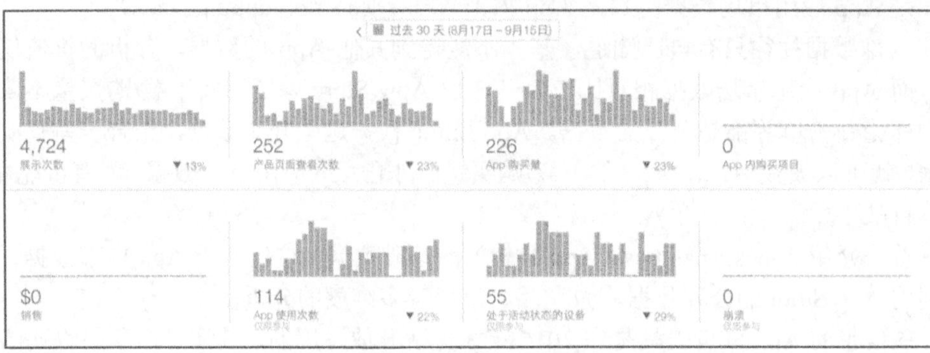

图 5-1　App 分析的概述数据

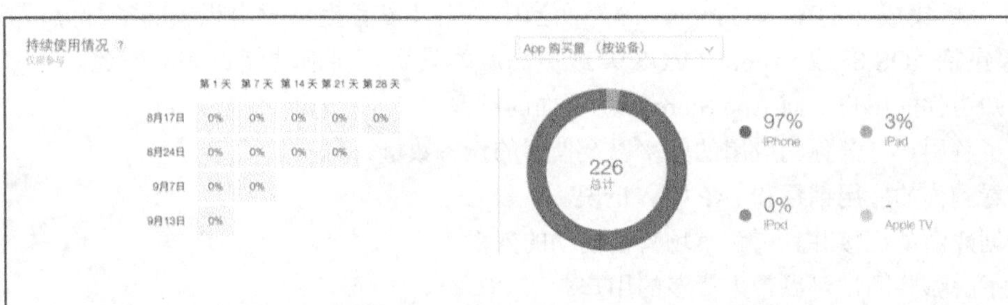

图 5-2　App 分析的使用情况数据

2. 指标数据

从图 5-3 可以看到，指标数据包括 App Store 基础数据、销售数据、使用数据 3 大部分，主用通过趋势图的形式进行展示，同时还可以进行多个数据的整合展示。

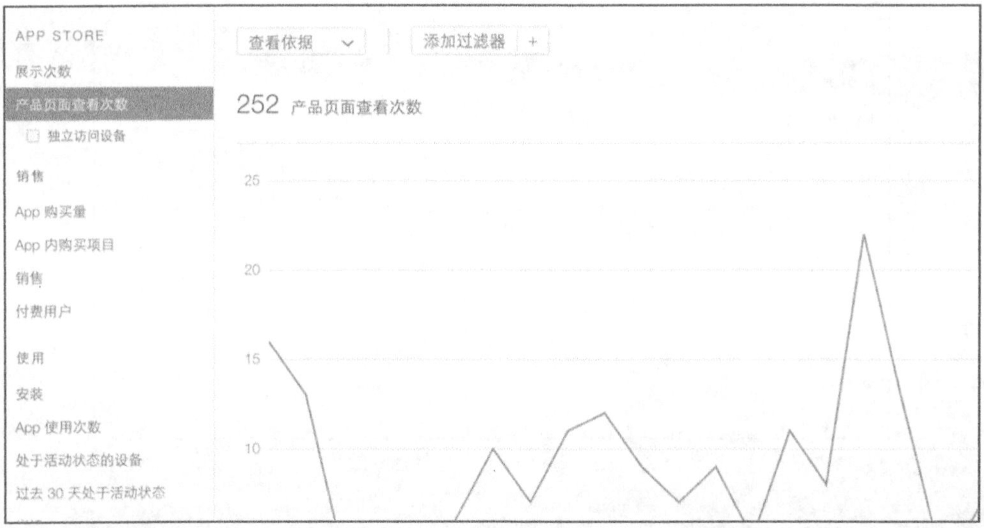

图 5-3　App 分析指标趋势图

3. 推广效果分析

目前 iTunes 并没有给出 App Store 内部的下载来源页，因此很难准确地衡量 ASO 的效果。但因为 App Store 内部约 65%的下载来源于搜索，对大部分没有上排行榜的 App 而言，会有更大比例的下载是搜索带来的，但这个比例基本稳定。因此，可以假设榜单带来的下载量不变，在没有做其他推广的情况下，用 iTunes 分析中的购买量变化大致估计 ASO 带量的新增下载量，特别是对一些中小 App，完全可以认为下载增量都是 ASO 带来的。

但需要注意的是，ASO 刷排名的流量，其用户注册转化比例非常低，属于无效用户。因此，需要把这些流量剔除掉。后续随着 App Store 搜索广告的发布，相信 iTunes 分析也会提供更细致的下载来源页情况。

目前除了 App Store 内部数据，iTunes 分析还提供了外部来源页跟踪服务。如果是广告平台营销分析，只需要在广告中使用 App 分析生成的下载链接即可，如图 5-4 和图 5-5 所示。

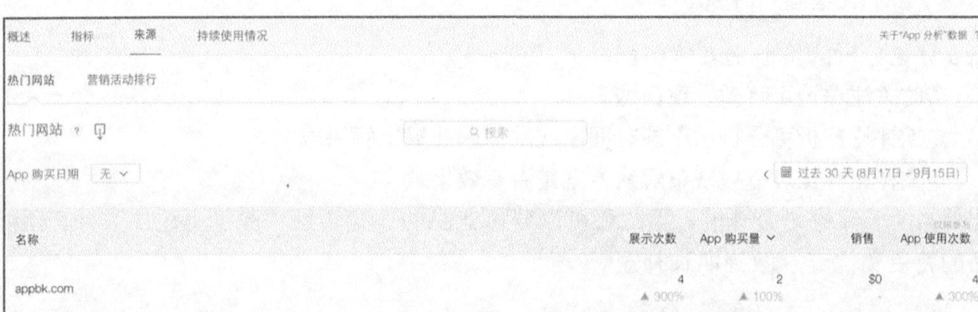

图 5-4　App 分析中的热门网站

图 5-5　App 分析中的营销活动跟踪

5.2 App 评论分析

和冷冰冰的转化率、激活量等数据相比，App 的评论则是用户和产品鲜活的对话。像猎豹移动在介绍其 App 推广经验时，最重要的一点就是其设置有专门的部门，对 Google Play 上的每一个差评联系到人，详细了解用户的不满，不断改进产品，直到用户满意为止。App 排名等数值数据大多只能做简单的分析，而 App 评论则可以做非常深入的内容挖掘，很多分析内容可以直接指导 App 的产品和推广策略定制。

典型的，网上的一个 App 产品的评论分析见表 5-1。

表 5-1　　一个游戏 App 的评论分析

10 月评论问题 Top 5	11 月评论问题 Top 5	12 月评论问题 Top 5
1.充值卡单 2.对客服服务不满 3.登录排队问题 4.各种吐槽游戏 5.游戏卡机问题	1.帐号封停 2.充值卡单 3.对客服服务不满 4.各种吐槽游戏 5.登录排队问题	1.广告 2.各种吐槽游戏 3.更新迭代问题 4.海外无法登录 5.帐号封停

注：图片来自 GameRes，作者 Ace。

App 评论分析的价值主要体现在以下几点。

- 实时关注评论可有效发现问题。
- 定期评论分析可分析出不同时间出现的问题并提出解决方案。
- 定期评论环比可有效观察解决方案是否有效果。

此外，由于评论是公开的，因此还可以分析竞品的评论情况。除了上述 3 点外，还能总结出竞品的特色和优点，做到取长补短。

5.2.1 评论基础数量分析

评论数量一个最直接的作用就是估算 App 的下载量。根据国外的论文研究，App Store 的下载量和评论量之比为 30:1 到 100:1。简单地计算，就是把一个 App 的总评论数乘以 100，然后除以 App 的上线时长，大致就可以知道 App 的日均下载量了。

评论量另外一个最直观的现象，就是 5 个星级评论数之比。不少文章都根据这个比例，对 App 的质量情况进行定性的分析。

国内市场上最常见的星级比例分布就是倒 L 型分布。倒 L 型分布指的是 App 得到的 5 星评价远远超过其他星级的评分。如果不是刷的，说明该 App 的质量一流，常见于年度大作和苹果的官方推荐。不过在国内，刷评论、交换评价基本是运营的常态，大部分有一定运营的 App 评论星级分布都是倒 L 型，具体如图 5-6 所示。

国内市场另外一个比例较大的就是 C 型分布。具体表现为 1 星和 5 星数量都非常多，中间星数反而很少。这种情况，一般都是运营在刷 5 星，用户在打 1 星。另外一种常见的情况就是 App 出现大的 bug 或者重大策略变化，造成大量用户不满，把倒 L 型分布刷成了 C 型，典型的如支付宝宣布收费，如图 5-7 所示。

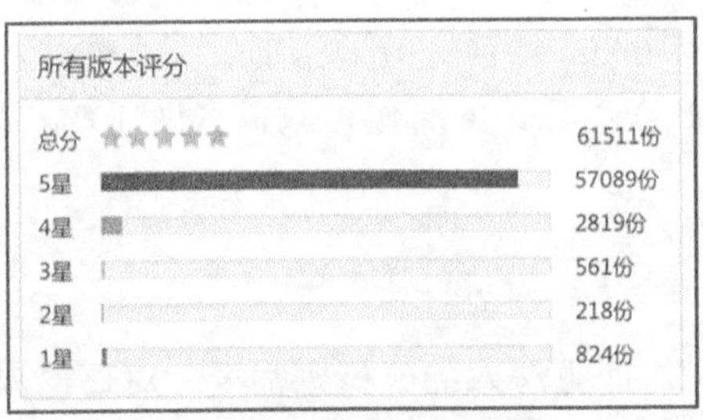

图 5-6 评论星级倒 L 型分布

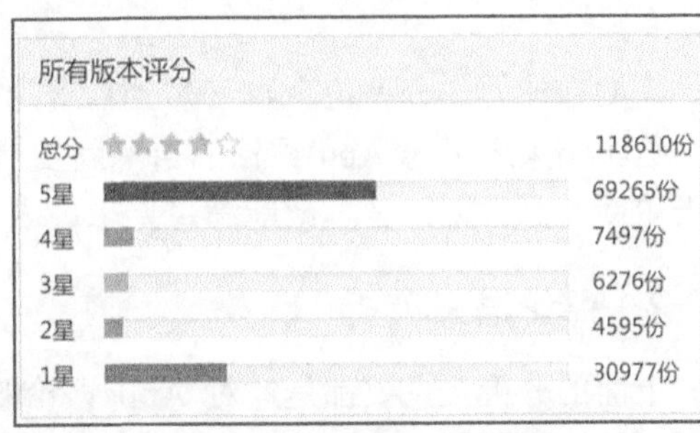

图 5-7 评论星级 C 型分布

另外的星级分布还有 P 型：4、5 星较多和几乎没有 3 星以下的评价，这种 App 质量一般较高，几乎没有水军做出虚假评分/评论，更加贴近玩家的真实看法。b 型：b 型是 P 型的相反，3 星以下评价居多，鲜有 4、5 星评价，意味着用户对此 App 的评价偏低。L 型：L 型是另一种极端曲线，评价几乎都是一星并在评论区出现各种谩骂评论。这几种类型在国内的 App Store 中都比较少见，主要是国内玩家一般都只用 1 星和 5 星来表达自己的看法，很少打其他星级的，而 App 刷评论基本也都只刷 5 星。

App 的评论量还有一个要点就是评论得分计算规则。App 总评分一般的计算公式为：

App 当前评分 = 当前全部评论得分总和/当前全部评论个数

总评论得分的区间为 1~5 分。

我们经常会发现，评论数和评分数是不一致的，这个主要是因为在 PC iTunes 上，用户可以不写具体的评论内容，直接打分。

据统计，如果一款产品的评级只有 1 星，大约只有 12%的用户会选择下载，2 星约 15%，

3 星约 50%，而 4 星和 5 星的评价下载率都超过 80%。也就是说，当用户看到产品的评级只有 1 星时，将近九成的用户甚至都不会将其列入下载的名单中。

针对这种情况，很多 App 就有了这样的需求“需要刷多少个 5 星评论，才能把 App 评论得分刷到 4.5 分?”。根据上述评分规则，我们可以很容易解决这个“评论优化”问题。其实就是一个很简单的小学数学问题，具体如下。

问题：需要增加 X 个 5 分评论，将 App 评分更新为 4.5 分。

其中，X——需要增加的 5 分评论个数；

S——当前全部评分总和；

N——当前评论个数。

用公式来描述上面问题，就是：

$$4.5=(S+X\times5)/(N+X)$$

其中等号左侧 4.5 是需要刷到的得分，等号右侧分子（$S+X\times5$）是新增了 X 个 5 星评论后，全部的评分总和。分母（$N+X$）是新增 X 个评论后的评论总个数。

解上述方程，可得

$$X=9\times N-2\times S$$

即

需要增加的 5 分评论个数=9×当前评论个数−2×（App 当前评分×当前评论个数）

这个结果未考虑 App 评论的自然新增情况，因此在做评论的时候，只需多做 10%，然后每天更新计算数据，基本就能满足要求。

5.2.2　评论语义分析

上面的分析，主要都是针对 App 评论的“数量”，而更深入的分析则需要针对评论内容。App 评论内容分析，主要就是“情感分析”或者叫“舆情分析”，就是找出好的评论和差的评论，并总结成千上万的评论内容，分析挖掘出对应的主题摘要。

目前国内现有的 App 评论“舆情分析”工具主要有腾讯的 wetest“舆情监控”服务（http://wetest.qq.com/bee/）。其服务介绍如图 5-8 所示。

图 5-8　腾讯的 App“舆情监控”服务

目前其主要收录了约 40 万热门的 App，主要针对游戏。其中一个 App 的分析例子如图 5-9 所示。

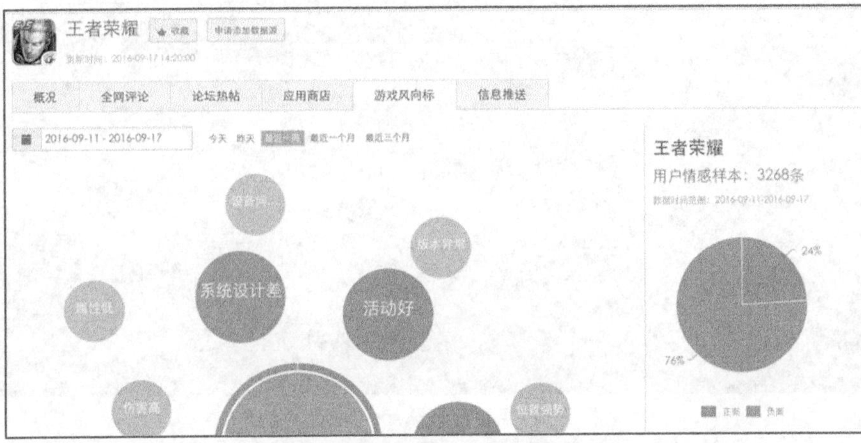

图 5-9　腾讯的 App 舆情监控例子

5.3 基于应用市场数据的 App 多维度分析

1. 分析报告背景

从 2016 年年初开始，App 市场进入平稳发展期。早期的刷榜、马甲 App 等推广手段已经逐步消失，App 的运营推广正在逐步走向规范化、流程化，而“数据驱动”则成为运营决策的关键。和 Web 时代相比，App 相关数据源更为丰富，包括公开的 App 应用市场数据、公共媒体数据、微博微信等自媒体数据，还有私有的统计分析数据、广告效果数据等。相关数据源，特别是最近几年迅速发展的自媒体数据，都属于典型的“大数据”范畴，如何利用这些数据为产品提供运营决策支持，是很多 App 运营需要解决的核心问题。

本节以 App Store 的数据为核心，结合百度、微博等公开数据，对“互联网证券”领域的 App 进行分析，揭示领域竞争态势、发展趋势，网民对产品的评价、喜好等，可为 App 的产品决策、运营决策、营销效果监控等提供数据支持。

App 运营可以参照该分析报告，定制自己 App 所在领域的数据分析报告。

2. 数据概要

App 应用市场分析，主要以苹果 App Store 数据为主，国内安卓数据作为补充。主要是考虑到 App Store 数据质量远高于安卓市场。其中 2016 年 7 月互联网证券 App（部分竞品）综合评分与热度榜排行，如图 5-10 所示。

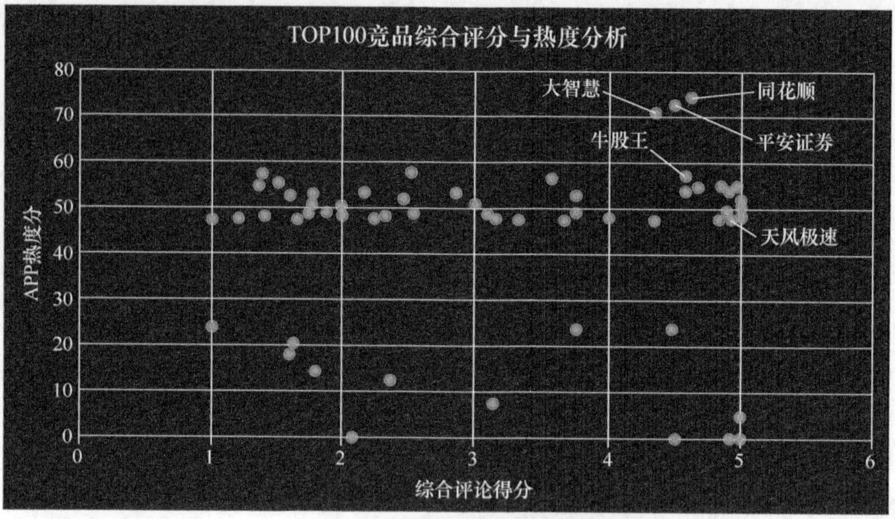

图 5-10　互联网证券 App 质量和热度分布

注：综合评论得分越高，表示 App 质量越高。热度分越高，表示越受用户欢迎，前景越好。

3. 竞品列表

以 AppBase 的互联网证券 100 个竞品，统计所得 Top 10 App 对应的 App 名称、公司名、iOS 市场得分，见表 5-2。

表 5-2　iOS 市场得分

App 名	公司名字	iOS 市场得分
同花顺	浙江核新同花顺网络信息股份有限公司	73.5
平安证券	平安证券有限责任公司	72
大智慧	上海大智慧股份有限公司	70.4
招商智远理财	招商证券股份有限公司	57.7
牛股王股票	北京淘金者科技有限公司	57.4
同花顺股票开户	浙江核新同花顺网络信息股份有限公司	55.8
中信证券高端版	—	54.8
平安自助开户	平安证券有限责任公司	53
天风极速开户	天风证券股份有限公司	47.8

注：该得分主要根据 App 的榜单、评论、搜索排名等数据综合计算。

4. 行业竞争度分析

用下载量作为计算竞争度指数的数据，由于 App 的评论数和下载量之间存在正比例关系，因此主要根据评论量估算下载量，行业竞争度主要根据 HHI 指数（赫芬达尔-赫希曼指数）计算。iOS 和 Android 版本平安证券和全部财务类 App 的行业竞争度对比如图 5-11 所示。

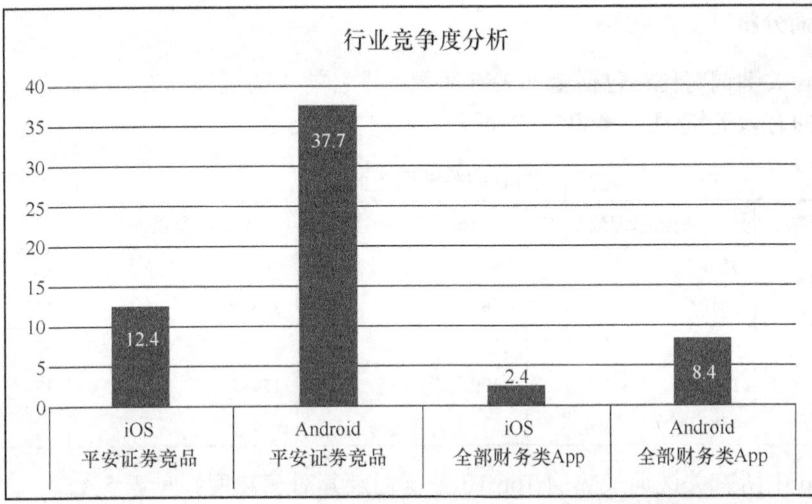

图 5-11 iOS/Android 版平安证券竞品与对应全部财务类 App 竞争度分析

5. 榜单排名趋势

Top 5（2016 年 6~7 月）总榜单和财务类榜单排名趋势，如图 5-12 和图 5-13 所示。

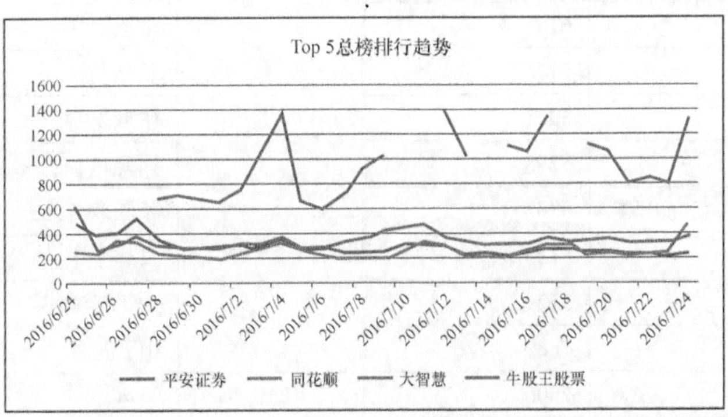

图 5-12 Top 5 App 总榜单排行趋势（2016 年 6~7 月）

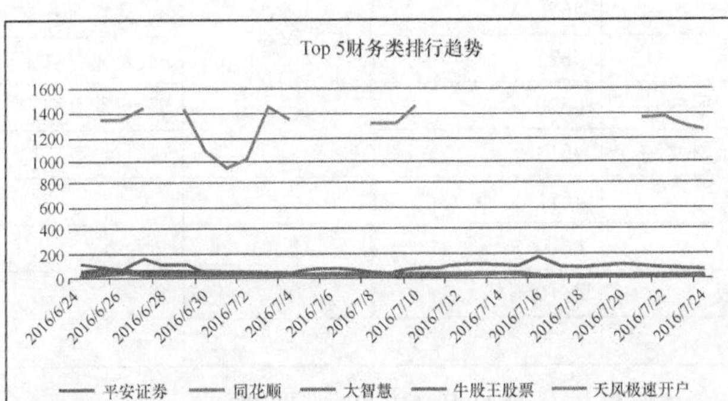

图 5-13 Top 5 App 财务类榜单排行趋势（2016 年 6~7 月）

6. 关键词分析

Top 5 App 关键词对比：包括全部关键词数、排名前 3 关键词词数、排名前 10 关键词，以及排名前 10 的有效关键词（>4605）的词数，具体见表 5-3。

表 5-3　App 的关键词覆盖统计

App 名	覆盖总词数	Top 3 覆盖词数	Top 10 覆盖词数	热度＞4605
平安证券	35603	986	2067	42
同花顺	58103	3685	10419	110
大智慧	66148	2181	4342	33
牛股王股票	124756	3409	17482	177
天风极速开户	48877	253	974	8

Top 5 App 中所有关键词最热的 Top 10 关键词及其对应热度，见表 5-4。

表 5-4　热门关键词统计

App 名	关键词	关键词热度	App 名	关键词	关键词热度
平安证券	炒股	7794	牛股王	牛股王	5139
	证券	7086		东吴秀财	4654
	大智慧	6141		港股	4615
	平安证券	5775		长城易	4614
	雪球	5371		牛魔王	4614
	天天基金	5293		国元点金	4612
	股票用户	5208		长江联合	4611
	牛股王	5139		富途牛牛	4611
	开户	5129		太平洋咖啡	4610
	股票资讯	4662		山西证券	4610
同花顺	同花顺	7806	天风极速	天风	4605
	同花顺手机版	5073		天风证券	4605
	银河证券	4678		广发掌上开户	4605
	爱投顾炒股票	4622		光大证券掌上开户	285
	同花顺手机炒股软件	4620		广证掌上开户	101
	华泰证券涨乐财富通	4613		掌上股市	1
	富途牛牛	4611			
	一阳指	4610			
	同花顺至尊版	4610			
	股票交易	4609			

Top 5 App 关键词搜索曝光度估计趋势图，具体如图 5-14 所示。

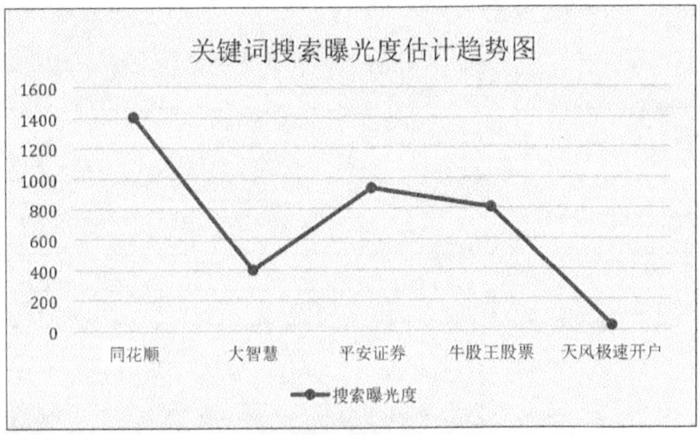

图 5-14 Top5 关键词搜索曝光度估计趋势图

7. 评论分析

Top 5 App 的评论统计，见表 5-5。

表 5-5 App 评论统计

App 名	星级分类	评论数	App 名	星级分类	评论数
平安证券	5	3713	牛股王	5	2468
	4	263		4	103
	3	138		3	61
	2	55		2	40
	1	398		1	215
同花顺	5	24512	天风极速	5	382
	4	922		4	3
	3	507		3	1
	2	261		2	1
	1	1979		1	5
大智慧	5	2550			
	4	199			
	3	130			
	2	48			
	1	388			

Top 5 App 评论星级评分对比图（评分星级 1~5），如图 5-15 所示。

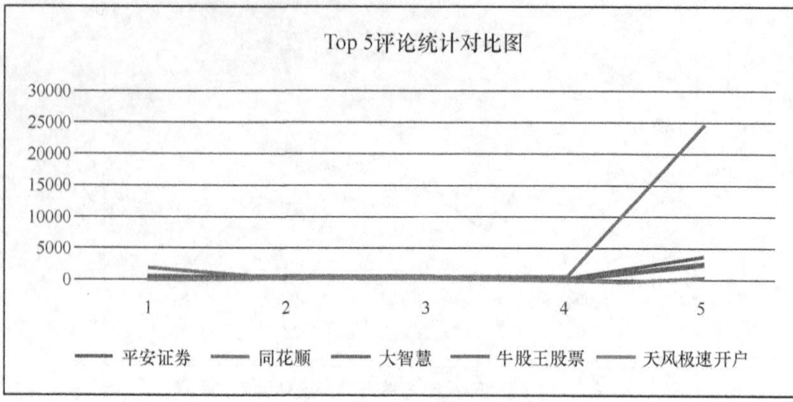

图 5-15　Top 5 评论得分对比图

Top 5 App 的最近 3 个月的评论 topic 汇总表，示例见表 5-6。

表 5-6　App 评论主题汇总

App 名字	评论内容
同花顺	[软件一般，系统速度慢了]/[挺好用的，但是 iOS 9 会闪退，望修复]/[红绿电波对小白用户真好用]/[非常好用的一款]/[强烈要求增加黑色背景的]
大智慧	[手机免费赚钱]/[东西不错，还行]/[感觉比同花顺好多了，我个人比较喜欢]/[给个赞]/[用着还可以]/[不错]/[为什么不增加 60 日、120 日均线呢？有点失望]
平安证券	[使用了一段时间，既简单又能赚钱，很好]/[操作也比以前更加便捷了]/[好评]/[交易时间连不上 再低的佣金也没用]/[选择是一刹那的，喜欢却是久远的]
牛股王股票	[跟买功能相当强大啊]/[这么垃圾，秒退还]/[第一次接触炒股，非常的好用]/[加入牛股王，实现牛起来]/[一直没炒过，无意中装了这个开始了我小小散的炒股生涯]
天风极速	[蛮好哦]/[不错哦]/[赞]/[这个应用很不错的呀]/[真心不错]/[值得推荐的软件]/[试试看好不好用]/[软件下了，很方便很实用]

8. 安卓市场指数

Top 5 App 安卓市场指数汇总图（数值越高，说明越活跃），如图 5-16 所示。

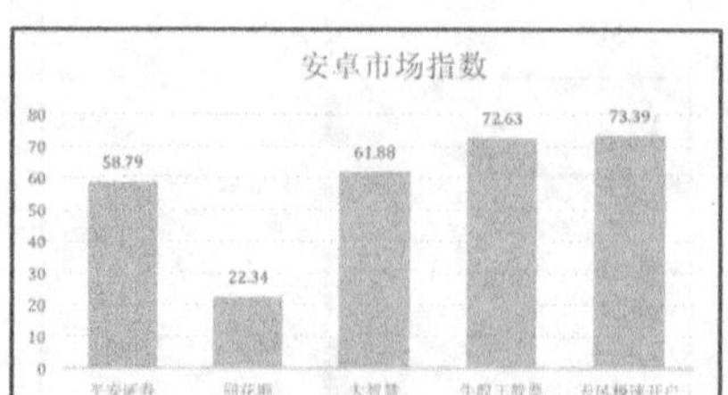

图 5-16　Top 5 App 安卓市场指数

9. 微博热度分析

微博热度，主要指最近一段时间内微博搜索能命中“App 名”的文章数量。Top 5 App 品牌词的微博热度如图 5-17 所示。

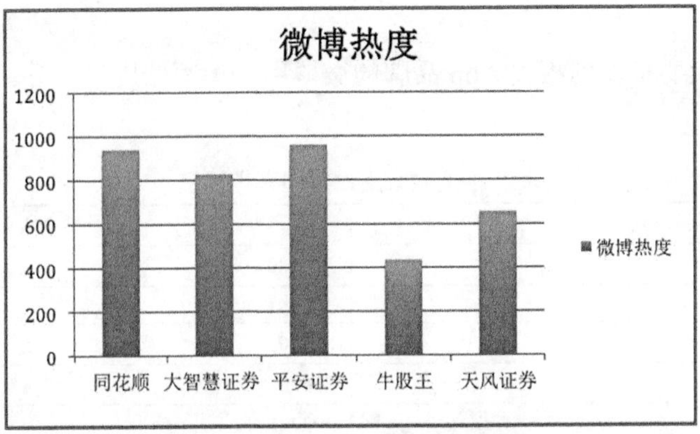

图 5-17 Top 5 App 品牌词微博热度

10. 微博社会化属性

（1）性别分布

Top 3 App 相关用户的性别分布如图 5-18 所示（其他两个 App 有效数据较少，故不作比较）。

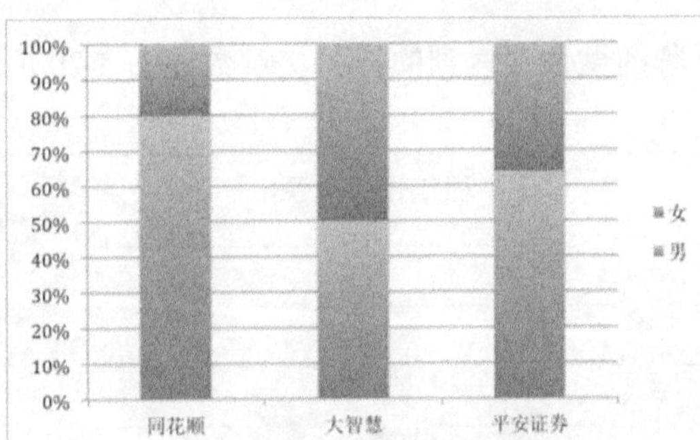

图 5-18 App 相关微博用户性别分布

（2）年龄分布

Top 3 App 相关用户的年龄分布如图 5-19 所示。

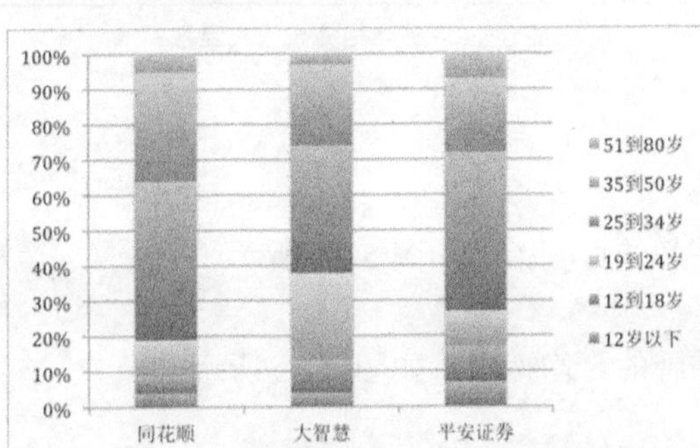

图 5-19 App 相关微博用户年龄分布

（3）兴趣标签

微博兴趣标签主要指提到相关 App 品牌的微博用户填写的用户标签。Top 5 App 的热门用户标签见表 5-7。

表 5-7　App 相关微博用户热门兴趣标签

兴趣标签	受众人数
证券	597380
P2P	160901
投资理财	85290
投资股票	78650
股票投资	39370
采集证券	33670
股票期货	13170
金融投资	10440
金融理财	4210

11. 微信分析

Top 5 的 App，各自品牌的微信搜索到的相关文章数如图 5-20 所示。

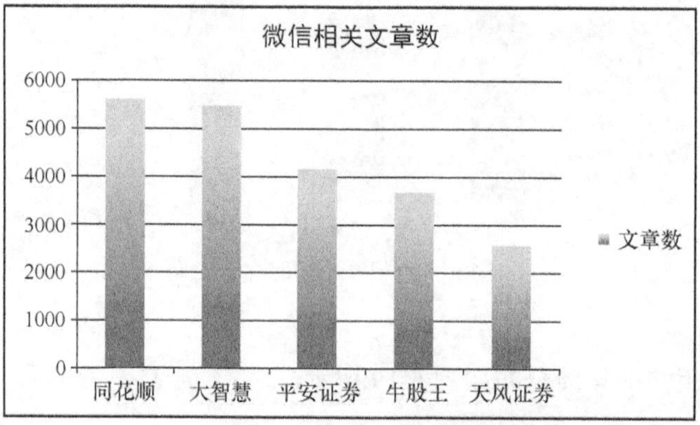

图 5-20　品牌相关微信文章数

12. 公共媒体分析

（1）百度指数

Top 5 的 App，各自品牌的百度指数如图 5-21 所示。

（2）品牌搜索量

Top 5 的 App，各自品牌的日均搜索量如图 5-22 所示。

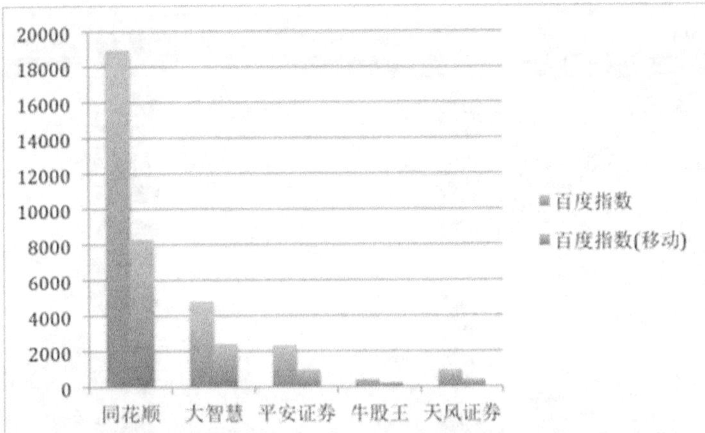

图 5-21 Top 5 App 品牌的百度指数

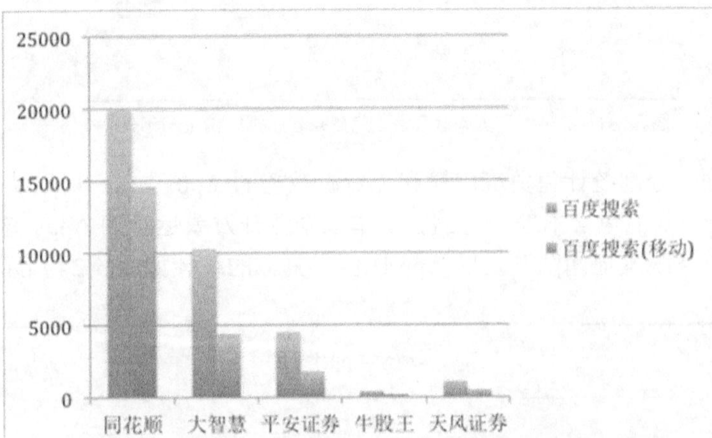

图 5-22 Top 5 App 品牌百度日均搜索量

5.4 基于 App Store 数据的 App 出海分析

最近有朋友想做东南亚市场的 App 推广和 ASO，需要一些基本的数据支持，于是就下载分析了泰国区的 App Store 数据。这里就把我们对泰国 App Store 的数据分析结果给大家分享一下，谨望能起抛砖引玉之用。

我们主要是下载了泰国 App Store 的榜单、关键词热度、关键词搜索结果数据。榜单数据主要是通过苹果的 EPF（Enterprise Partner Feed Relational）获取的 Top 1500 的数据，其他都是通过 App Store 的接口获取。作为对比，我们同时分析了国内和美国的 App Store 数据。

第一，最明显的就是泰国 App 市场的国际化程度非常高，而本土化 App 相对较少。直观地，从 App 排行榜可以看到，国内 Top 10 的免费 App 中基本都是中文的 App；而泰国区的 Top 10 免费 App 中只有两款是本地化的 App，其余都是英文的 App，具体如图 5-23 所示。

图 5-23　中美泰三国 App Store 免费 App 总排行榜（2016-01-17）

整体数据方面，分别统计免费应用榜和免费游戏榜的 App 数据。可以认为 App 名称为纯英文就是国际 App，其他包含本地文字的就是本地企业开发或运营的 App。这种假设并不完全准确，但大致可以反映本地团队开发的 App 比例，具体的统计如图 5-24 所示。

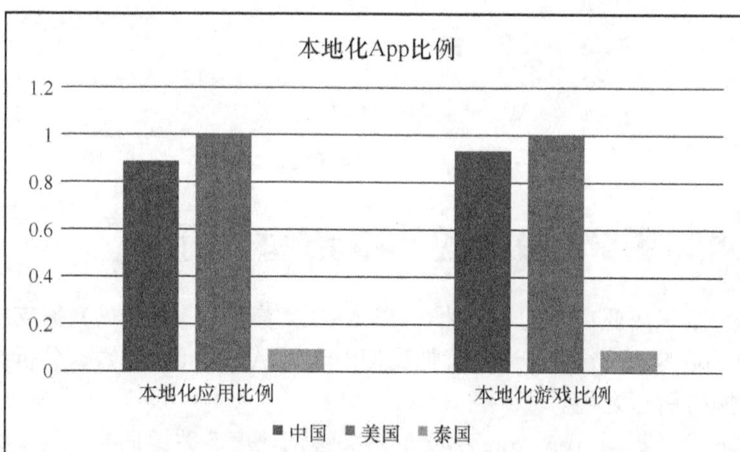

图 5-24　本地化的 App 占比

可以看到，泰国本土化 App 相对较少，相关的团队应该不多，而国际化的 App 针对泰国的本地化也比较少。另一方面，泰国的 App 市场也反映了国际市场的格局，App 的世界相对 WWW 时代而言，市场更集中，边界更模糊。要么成为国际性企业，要么成为国际性企业的一部分，这一经济学基本规律在 App 市场中更明确。

第二，泰国 App 市场垄断程度相对较高。如果要进入一个市场，首先需要了解其竞争程度。如果一个类别下已经有几个垄断性 App，典型的如果国内的新闻 App、社交 App 等，这样的市场进入难度可能就会非常大。我们一般可以使用 HHI（赫芬达尔-赫希曼）指数来衡量市场的垄断程度，具体指数的定义可以自行百度。较高的 HHI 指数意味着市场已经存在一定的垄断壁垒，竞争对手可能相对较少。

我们用下载量作为计算 HHI 指数的数据，由于 App 的评论数和下载量之间存在正比例关系（1:100 到 1:30），因此主要根据评论量估算下载量。中美泰三国的 App 市场 HHI 指数对比如图 5-25 所示。

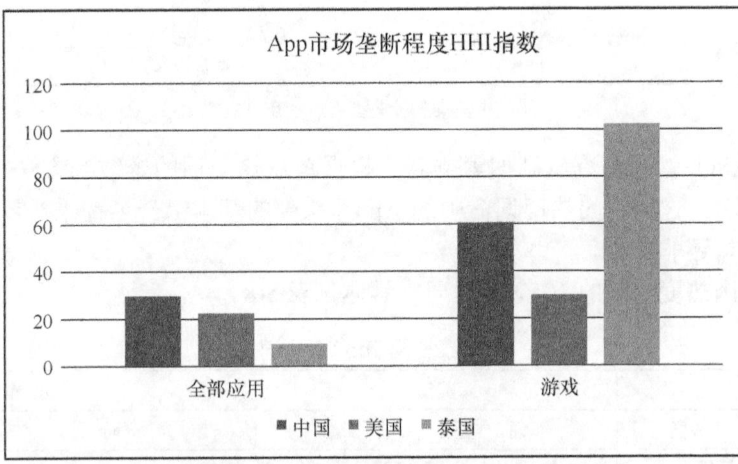

图 5-25 中美泰三国 App 市场垄断程度比较

从图 5-25 可以看到，泰国区的垄断程度是高于国内的，特别是游戏类 App。这一点也可以理解，这些区域的本地 App 团队实力较弱，国际性 App 团队很容易垄断。因此，想出海的团队，一是要加快速度；再者，东南亚等地区的 App 市场绝非“蛮荒之地”，最终还是要比拼产品的质量和创新。

此外，垄断程度还需要和市场总体规模一起考虑，才会更有价值。这里还是以 App 的总评论数为基准，估算中美泰 3 个区域的“Twitter”和“部落冲突（clash of clans）”的用户规模，具体如图 5-26 所示。

以“部落冲突”为例，泰国的用户规模约为国内的 1/11。考虑到泰国人口规模约为国内的 1/18，经济水平差别不是很大，如果要做简单的估算，可以认为泰国 App 用户规模大约为国内的 1/15。

第三，泰国 App 市场做 ASO 的人员还相对较少。ASO 优化可以分为两类，一类仅仅是把 App 名称中的副标题和关键词填写得更好一些。以榜单上的 App 为例，国内的 App 名称长度平均长度为 40 个字节，十几个汉字左右，仍有很多 App 使用没有实际意义的副标题。而泰国区域的 App 名称平均为 28 个字节，美国的也是 28 左右，刻意做 ASO 副标题的并不是很多。

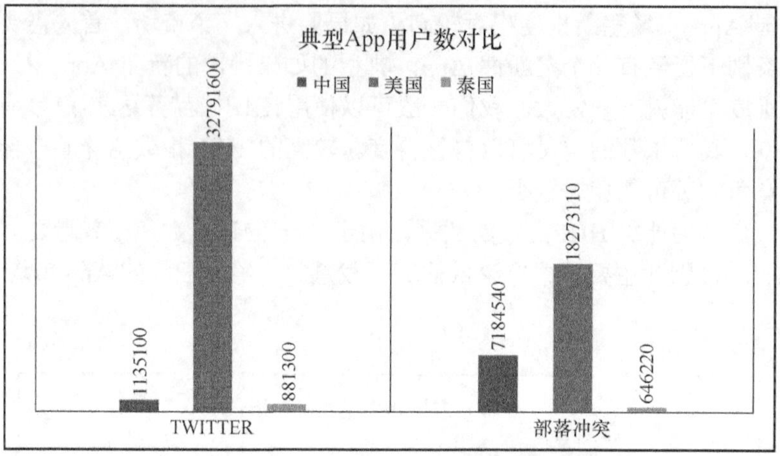

图 5-26　中美泰三国典型 App 的用户规模比较

还有一种 ASO 就是买流量刷搜索排名。根据覆盖热门词的个数等方法很容易判断哪些 App 在做搜索排名，像国内的热门词命中的 App，头部的基本上一半都采买过 ASO 流量，而泰国区类似的现象还非常少。

有关美泰三国热度最高的 10 个关键词，具体见表 5-8。

表 5-8　　中美泰三国 Top 10 热词

中国		美国		泰国	
词	热度	词	热度	词	热度
qq	10743	snapchat	10743	line	8358
微信	10724	instagram	10743	facebook	8275
爱奇艺	10602	facebook	10743	youtube	7790
乐视	10580	youtube	10743	joox	7768
百度云	10533	kik	10531	google	7306
支付宝	10478	netflix	10512	piano tiles 2	7265
美团	10432	twitter	10354	instagram	7234
淘宝	10385	musical.ly	10326	viva video	7147
腾讯视频	10349	pandora	10259	เกมส์ ฟรี	7131
陌陌	10155	whatsapp	10161	video download	7082

从表 5-8 中可以看到，泰国和美国的热搜词有很大的相似性，这也印证了泰国 App 市场的国际化。再者，泰国热度值最高的词也就 8000 左右，苹果的热度值是指数级递减的，8000+热度词的搜索量大致是 10000+词的 1/10 左右，这也反映了泰国 App 市场相对较小的规模。

兵马未动，“数据”先行，对有 App 出海需求的团队而言，App Store 等应用市场的数据分析应该是最方便快捷的。类似泰国这样小一些的 App 市场，国际化程度非常高，很可能需要面对优秀的欧美 App 团队。而国内 App 市场还相对较为封闭，很多都是低水平竞争，因此只有做到知己知彼，才有可能长风破浪。而真的要出海，可能还要了解当地风土人情等更多的数据信息。

本章的数据分析中有一些简化假设，部分结果可能并不非常精准，仅供参考。此外，一些数据控用户能对一手数据比较感兴趣，我们近期也会把整理好的数据服务放在百度的 App Store 上，免费提供。

第6章 从ASO到ASM

6.1 苹果广告的历史

据2016年4月15日彭博社消息，苹果已经秘密组建一个团队，尝试改变苹果App Store现有展示方案，加入类似谷歌的付费搜索。由于国内iOS App推广普遍依赖于ASO（App Store搜索优化）流量，如果出现App Store搜索广告，势必会给App推广行业带来格局的变化。而几个月后的苹果开发者大会，苹果正式发布搜索广告的消息。笔者一直在做App Store的优化工作，这里就根据自己的体验，对苹果搜索广告出现的原因做一些分析。

从搜索系统运营的角度来看，不管是网页搜索，还是淘宝等商品搜索，都经历了“自然排序→刷排名→搜索广告”3个阶段。而每个阶段时间的长短，则是由搜索系统和刷榜方之间博弈决定的。

从“刷”的角度来看，苹果的App Store现在已经是“无刷榜，不运营”。远有某FM的ASO分身有术，近有某直播App榜单四下四上，这些都成了App运营的典范。如果创业者对这个现状了解不深，就很容易掉坑里。我们的团队就有深刻的体会。

笔者原来是做搜索的，要创业，自然想到做搜索相关的。原来是网站，现在都是App了，以前做SEO，那现在做ASO肯定没问题，依靠一线搜索的工作经验，定能占得先机，但很快就发现我们想错了。

像国外的ASO产品，SearchMan、SensorTower等都走的是技术流，比拼的是对关键词的深度理解和挖掘，服务的核心是“选词”，就是把一些搜索量大、相关性好、竞争程度小的词推荐给用户。这类方案对下载的提升，效果最好也就是20%左右。而这种靠自然流量的提升，一般都需数周的时间才能体现。

作为一个大厂出来的数据团队，自然是模仿这些高端产品，做了很多的关键词挖掘之类的工作。但我们和客户谈的时候，却发现很难向用户讲清楚“搜索曝光度”之类的概念，而大部分用户的需求很简单，就是“我要排在某个词的第一名”，还觉得“你们做这么一大套东西，有啥用啊”。

我们也知道刷下载就能到达这种效果，包括先搜索后下载这样的“点击反馈”算法也非常清楚，但技术至上的惯性，让我们对“刷量”不屑一顾。很不幸，做了几个月，除了一些大厂的用户觉得特别有用外，很少有人感兴趣。

我们同时发现，某些“数据监控+ASO 刷量”的竞品却大受欢迎。这才明白，国内的 ASO 和国外的根本不是一回事，“选词”在这里根本就微不足道，机器或人工把搜索排名刷上去才是王道。随后团队也开始接入刷量的合作方，做起了流量倒卖生意。同时还发挥数据挖掘的优势，提供了 ASO 量级预估等服务，虽远非本意，却挺受欢迎。

回顾一下最近几年 App Store 推广方法的变化，可以更清楚地看到我们的问题所在。

读者可以回看本书 1.1.2 节中有关 ASO 的历史的内容，就会理解我们早期那种“隔靴搔痒”式的 ASO 服务显然不会有太大的市场。对创业而言，开始往往都是雾里看花，但一定要尽快看透行业真实现状，否则就只能是一厢情愿。

国内 ASO 市场蓬勃发展，而随着 App 出海，国内“先进”的运营经验正在向 App Store 其他区域普及。这显然会引起苹果的注意，从 2015 年年底开始，苹果就开始频繁“锁榜”，就是搜索排序一天甚至几天不发生任何变化，这样大量 ASO 冲排名流量就没有任何效果。从 2016 年开始，苹果对排序算法的调整也越来越频繁。

ASO 行业做得如此优秀，已经将 App Store 推向了“刷排名—>搜索广告”的临界点。

当年百度系统上也存在大量的“搜索+点击”的流量买卖，包括软件点的和人点的，其实和现在的情况差不多。但随着百度搜索算法的改进和搜索广告系统的成熟，这类流量渠道迅速消失，不知道苹果会不会采用这样的路径。我们再来看看苹果的广告系统。

2010 年，乔布斯在 iOS 4.0 发布会中揭晓“iAd”功能，但 iAd 广告平台一直不温不火。苹果 iAd 早期类似于现在的微信朋友圈广告，投放门槛要 100 万美元，制作门槛也非常高。这主要体现了乔布斯对 iAd 的看法，希望这个平台出来的广告都很优雅，用户看到不会反感。iAd 的大部分都是银行、汽车厂商等品牌广告，和 App 安装广告基本关系不大。典型广告如图 6-1 所示，投放界面如图 6-2 所示，类似于腾讯广点通，可以看作用户定向类广告。

图 6-1 iAd 的广告形式

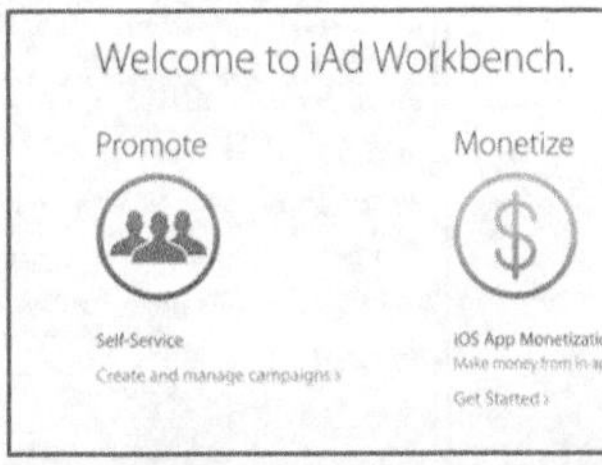

图 6-2 iAd 的投放界面

当然，如此高的门槛阻拦了大多数的广告主。iAd 为了提高业绩而不断降低门槛，从 100 万到 50 万，再到 10 万……直到 2014 年开放了专门针对中小用户的 iAd Workbench，只需 50

美元，但效果似乎并不尽人意。根据 eMarketer 的统计，2014 年 iAd 在移动广告市场份额大概也只有 2.6%（iAd 一直未正式开放中国区市场）。

而到了 2016 年 1 月，据《华尔街日报》报道，苹果将于 2016 年 6 月 30 日关闭旗下 iAd 广告业务，并已裁掉了大约 100 名广告销售人员，可以说 iAd 基本已经宣告失败。当然，苹果方面也表示“尽管一些 iAd 销售岗位会受到影响，但我们同时也在为支持新广告运营和技术方面创造新的工作机会”。然后就是前面提到的消息，App Store 准备做搜索竞价。

综合来看，一方面，ASO 行业已经培育了较为成熟的市场。另一方面，苹果自身的广告系统则是一事无成，而同等体量的企业都有自己完善的广告生态。苹果前期做 iAd 时一直顾忌的隐私问题，在搜索广告系统中也很少涉及。在这种背景下，苹果出来“摘桃子”，基本属于大概率事件。果然到了 2016 年的苹果开发者大会，苹果搜索广告正式发布。

对广大 App 运营人员而言，可以考虑买一本《百度推广　搜索营销新视角》看看。而广告中介也可以研究一下“应用市场搜索营销（App Store Search Marketing，ASM）”。

6.2 苹果搜索广告简介

苹果搜索广告在 WWDC 2016 发布了视频和 PPT，链接文末附上。其 PPT 共有 185 页，本节就对相关内容进行一个基本的解读。

1. 广告基本规则

搜索广告主要是定制关键词，苹果搜索广告有两种关键词的定制方式，一种是自定义的，另一种是全自动的方式，系统会自动从你的 App 关键词和介绍中抽取合适的词，具体如图 6-3 所示。这一点和目前的 ASO 有所不同，目前 App Store 搜索系统只能搜关键词，而搜不到介绍。

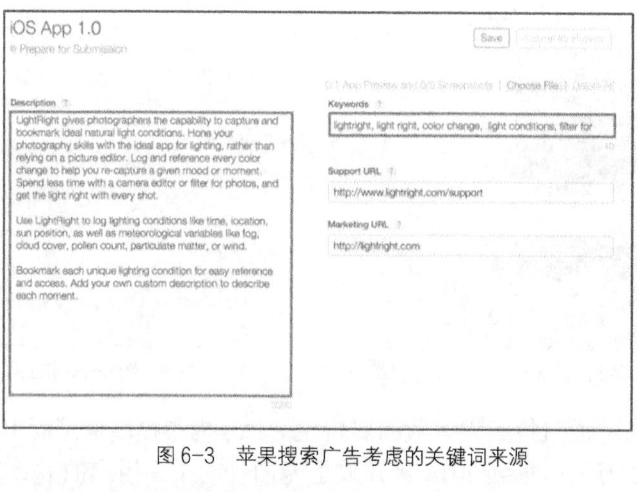

图 6-3　苹果搜索广告考虑的关键词来源

广告模式为 CPT（Cost Per Tap），类似于我们常说的点击 CPC 广告，而不是国内安卓市场常用的 CPD（Cost Per Download）安装广告。这样，在投放时就需要考虑广告点击的转化率，具体如图 6-4 所示。

广告的排名考虑出价和 App 的相关度两个要素，而 App 相关性则是由 App 元数据（关键词/介绍）的文本相关性，以及用户的点击率决定的，具体如图 6-5 所示。

广告排名参数 = 出价 × App 相关度

其中，App 相关度 =App 元数据文本相关性 + 用户点击率。

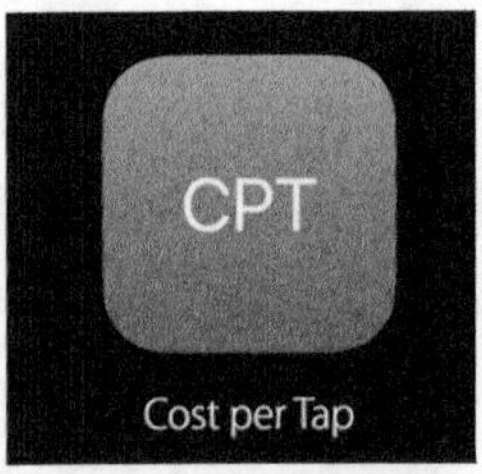

图 6-4　CPT 广告模式

图 6-5　广告排名中的相关度的要素

广告的定价模式，为第二竞价模式。也就是说，每一次广告点击的扣费金额会以后一位（指在广告系统内部排序中后一位的广告）的出价为基础计算，如图 6-6 所示。具体计算方式没有详细说明，但根据百度广告的规则，应该是：

第一位点击价格=0.01+（后一位的出价×后一位的相关度）/第一位的相关度

关键词的匹配方式，也分为完全匹配和广泛匹配。这个其实和一般的搜索广告差别不大，完全匹配需要用户的搜索词和 App 关键词完全一致，而广泛匹配则可以匹配搜索词的同义词，部分包含词等，具体如图 6-7 所示。

图 6-6　广告定价模式

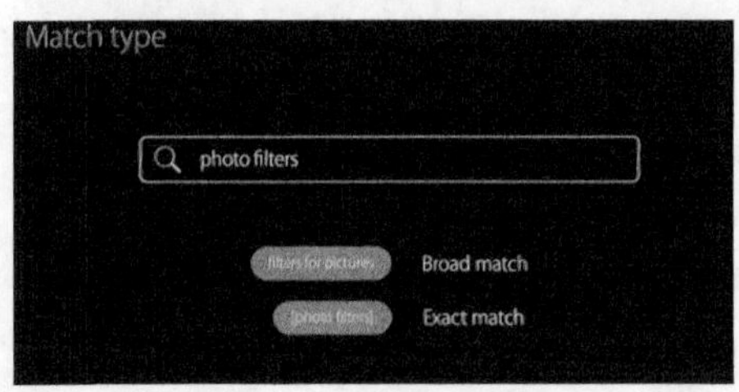

图 6-7　关键词匹配模式

2. 操作流程

苹果广告的操作流程如图 6-8 所示。

图 6-8　苹果广告的操作流程

总体流程就是选择 App，设置预算方案，填写支付信息。其中关键点就是预算方案中的关键词的设置，185 页的 PPT 中，有 100 多页都在讲这个。用户可以不做任何设置，自动匹配关键词，如图 6-9 所示。

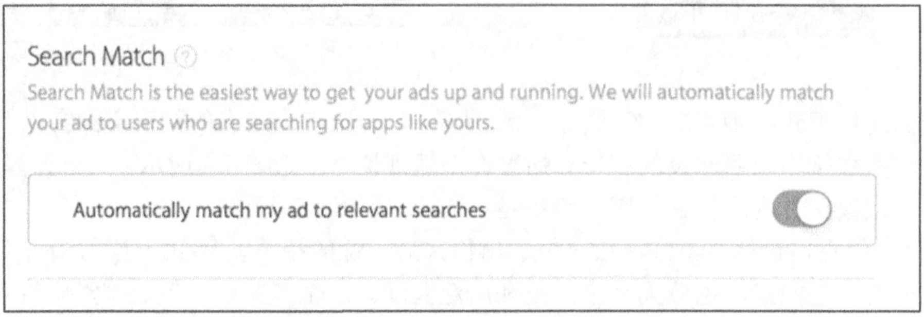

图 6-9　全自动匹配广告关键词

当然，也可以自定义关键词和出价，如图 6-10 所示。

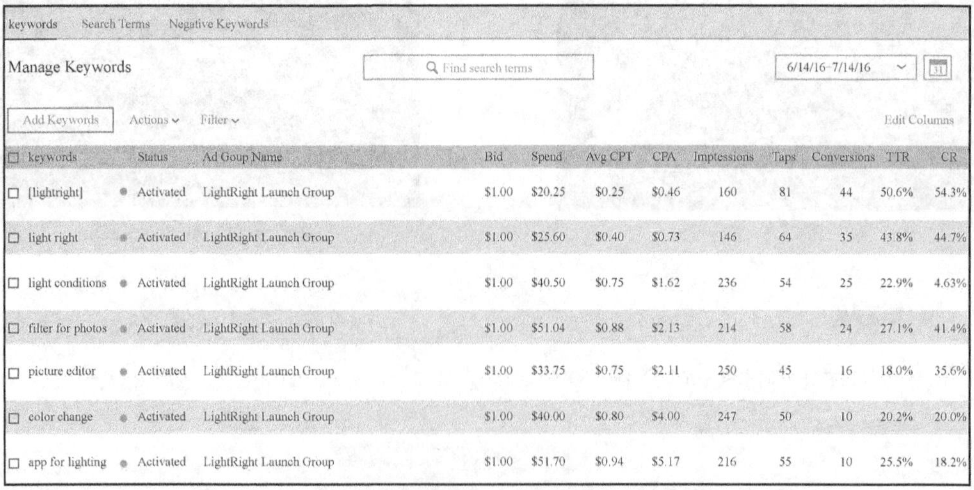

keywords　Search Terms　Negative Keywords

Manage Keywords　Find search terms　6/14/16-7/14/16

Add Keywords　Actions　Filter　Edit Columns

keywords	Status	Ad Goup Name	Bid	Spend	Avg CPT	CPA	Imptessions	Taps	Conversions	TTR	CR
[lightright]	Activated	LightRight Launch Group	$1.00	$20.25	$0.25	$0.46	160	81	44	50.6%	54.3%
light right	Activated	LightRight Launch Group	$1.00	$25.60	$0.40	$0.73	146	64	35	43.8%	44.7%
light conditions	Activated	LightRight Launch Group	$1.00	$40.50	$0.75	$1.62	236	54	25	22.9%	4.63%
filter for photos	Activated	LightRight Launch Group	$1.00	$51.04	$0.88	$2.13	214	58	24	27.1%	41.4%
picture editor	Activated	LightRight Launch Group	$1.00	$33.75	$0.75	$2.11	250	45	16	18.0%	35.6%
color change	Activated	LightRight Launch Group	$1.00	$40.00	$0.80	$4.00	247	50	10	20.2%	20.0%
app for lighting	Activated	LightRight Launch Group	$1.00	$51.70	$0.94	$5.17	216	55	10	25.5%	18.2%

图 6-10　自定义广告关键词和出价

虽然是按照 CPC 竞价的，但系统会给出 CPA 安装的实际成本。为了支持自定义广告关键词，系统还提供了关键词推荐服务，可以给出一些关键词扩展和对应的搜索热度，如图 6-11 所示。

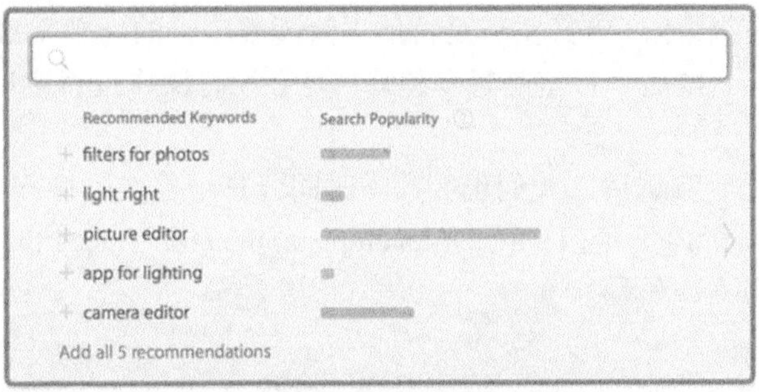

图 6-11　关键词建议

我们也发现，和百度广告不一样，苹果的关键词建议并没有给建议出价和竞争度。估计苹果会在试运行一段时间后，给出定价参考信息。

此外，苹果广告还支持用户定向，也就是可以限定用户的年龄、性别等社会化属性。如果用户定向准确，可以有效提高广告的点击率，如图 6-12 所示。

图 6-12　用户定向

3. 开始准备

喜迎苹果搜索广告，PPT 给出的建议如图 6-13 所示。

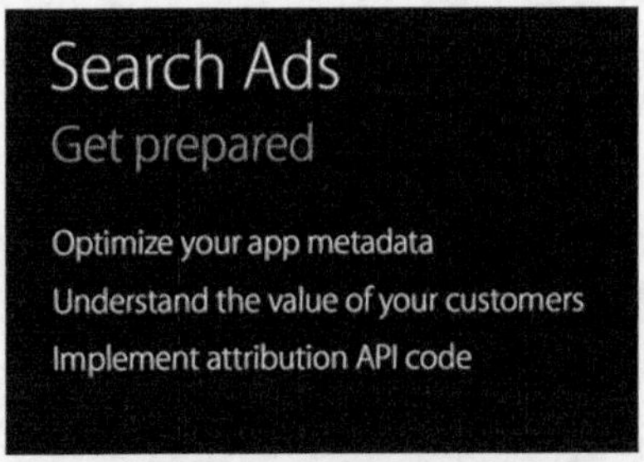

图 6-13　苹果给出的建议

大致就是希望用户能够更准确地定义自己的关键词/介绍，同时熟悉自己的用户，方便做用户定向。此外，还可以预先熟悉其跟踪广告效果的 API 代码，该代码可以追踪 App 的下载是由哪个关键词带来的。

总体上，感觉苹果的搜索广告其实就是目前主流搜索广告的一个垂直版本，并无太大新意。如果此前做过百度广告，做这个肯定是轻车熟路；对于没有操作过百度广告的人员，建议开个百度广告账号练练手。

等后续苹果广告开始测试后，我们也会第一时间分享一些实际操作的体验。

苹果搜索广告视频和 PPT 链接：https://developer.apple.com/videos/play/wwdc2016/302/（注：视频只能使用 Safari 浏览器观看）。

异步社区
人民邮电出版社
www.epubit.com.cn

欢迎来到异步社区！

异步社区的来历

异步社区（www.epubit.com.cn）是人民邮电出版社旗下 IT 专业图书旗舰社区，于 2015 年 8 月上线运营。

异步社区依托于人民邮电出版社 20 余年的 IT 专业优质出版资源和编辑策划团队，打造传统出版与电子出版和自出版结合、纸质书与电子书结合、传统印刷与 POD（按需印刷）结合的出版平台，提供最新技术资讯，为作者和读者打造交流互动的平台。

社区里都有什么？

购买图书

我们出版的图书涵盖主流 IT 技术，在编程语言、Web 技术、数据科学等领域有众多经典畅销图书。社区现已上线图书 1000 余种，电子书 400 多种，部分新书实现纸书、电子书同步出版。我们还会定期发布新书书讯。

下载资源

社区内提供随书附赠的资源，如书中的案例或程序源代码。

另外，社区还提供了大量的免费电子书，只要注册成为社区用户就可以免费下载。

与作译者互动

很多图书的作译者已经入驻社区，您可以关注他们，咨询技术问题；可以阅读不断更新的技术文章，听作译者和编辑畅聊好书背后有趣的故事；还可以参与社区的作者访谈栏目，向您关注的作者提出采访题目。

灵活优惠的购书

您可以方便地下单购买纸质图书或电子图书，纸质图书直接从人民邮电出版社书库发货，电子书提供多种阅读格式。

对于重磅新书，社区提供预售和新书首发服务，用户可以第一时间买到心仪的新书。

用户账户中的积分可以用于购书优惠。100 积分 =1 元，购买图书时，在  里填入可使用的积分数值，即可扣减相应金额。

特别优惠

购买本书的读者专享异步社区购书优惠券。

使用方法：注册成为社区用户，在下单购书时输入 S4XC5 使用优惠码，然后点击“使用优惠码”，即可在原折扣基础上享受全单9折优惠。（订单满39元即可使用，本优惠券只可使用一次）

纸电图书组合购买

社区独家提供纸质图书和电子书组合购买方式，价格优惠，一次购买，多种阅读选择。

社区里还可以做什么？

提交勘误

您可以在图书页面下方提交勘误，每条勘误被确认后可以获得100积分。热心勘误的读者还有机会参与书稿的审校和翻译工作。

写作

社区提供基于Markdown的写作环境，喜欢写作的您可以在此一试身手，在社区里分享您的技术心得和读书体会，更可以体验自出版的乐趣，轻松实现出版的梦想。

如果成为社区认证作译者，还可以享受异步社区提供的作者专享特色服务。

会议活动早知道

您可以掌握IT圈的技术会议资讯，更有机会免费获赠大会门票。

加入异步

扫描任意二维码都能找到我们：

异步社区	微信服务号	微信订阅号	官方微博	QQ群：436746675

社区网址：www.epubit.com.cn

投稿 & 咨询：contact@epubit.com.cn